“十四五”职业教育国家规划教材

制冷和空调设备运行与维护专业系列教材

制冷与空调设备安装及维修

（第二版）

主　编　辜小兵　杨　鸿

副主编　刘　钟　苏　敏
　　　　黄昌伟　邹　波

科学出版社

北　京

内 容 简 介

本书被审定为首批"十四五"职业教育国家规划教材，内容包括制冷设备管材的加工与焊接技术，国家大赛指定的电冰箱、空调器、双温冷库等的安装、调试、检修，家用电冰箱和空调器的选用、拆装、维修及上门服务规范。

本书可供职业学校制冷和空调设备运行与维护等相关专业教学及职业培训使用，也可供相关行业初/中/高级工自学使用。

图书在版编目(CIP)数据

制冷与空调设备安装及维修/辜小兵，杨鸿主编 .—2 版 .—北京：科学出版社，2021.4

("十四五"职业教育国家规划教材·制冷和空调设备运行与维护专业系列教材)

ISBN 978-7-03-067801-0

Ⅰ.①制… Ⅱ.①辜… ②杨… Ⅲ.①制冷装置-设备安装 ②空气调节设备-设备安装 ③制冷装置-维修 ④空气调节设备-维修 Ⅳ.①TB657 ②TU831.4

中国版本图书馆 CIP 数据核字(2020)第 270326 号

责任编辑：陈砺川/责任校对：王万红
责任印制：吕春珉/封面设计：东方人华平面设计工作室

科 学 出 版 社 出版

北京东黄城根北街 16 号
邮政编码：100717
http://www.sciencep.com

三河市骏杰印刷有限公司印刷

科学出版社发行 各地新华书店经销

*

2011 年 9 月第 一 版 开本：787×1092 1/16
2021 年 4 月第 二 版 印张：15 1/4
2024 年 3 月第十四次印刷 字数：344 000

定价：49.50 元

(如有印装质量问题，我社负责调换〈骏杰〉)

销售部电话：010-62136230 编辑部电话：010-62148322-1028

第二版前言

在大力发展职业教育的今天，传统的教材和教学方法已经不完全适用。为此，本书第二版围绕"就业与升学并重""以能力为本位，以学生为主体"的教育指导思想，着眼于学生职业生涯发展，注重实现教育立德树人根本目标，注重安全教育与职业素养的培养。本书将制冷与空调设备安装及维修内容分成 5 个项目、24 个任务，包括制冷设备管材的加工制作，电冰箱和空调器的认识、选用、拆装和维修，双温冷库的装调与检修等内容，让学生巧妙地从拆装和维修电冰箱和空调器的过程中学习其结构及工作原理。

本书具有以下特色：

（1）突出做中学、做中教，教、学、做有机结合，采用理论实践一体化模式编写。

（2）全面贯彻新发展理念，按职业岗位需求注重新知识、新技术、新工艺和新方法的介绍。

（3）针对职业教育特点，对接职业标准，内容难度适中，易学易懂。

（4）本书采用项目任务编排教学内容，在教材中实现理论、实践、知识、技能、情感态度的有机整合，适合职业学校学生认知。

（5）以项目、任务等为载体组织教学单元，体现模块化、系列化，内容排列由简到繁，由易到难，梯度明晰，序化适当，新颖多样，喜闻乐见，交互性强。

（6）教学内容表现科学规范，图、文、表并茂，配合得当，形象生动，趣味性强，直观鲜明，适合职业学校学生的身心特点。

（7）呈现国家职业技能大赛内容，突出行业规范，着力培养卓越工程师、大国工匠。

（8）用"做一做"来训练学生综合知识技能的能力，用"想一想"来搭建师生互动平台，用"操作评价"来评估学生知识技能掌握情况，其中，用"自评"来增强学生的自信心，用"互评"来实现学生与学生之间的相互学习，用"教师评价"来发现学生存在的问题，从而让师生共同感悟学习的快乐。

全书参考学时为 72 学时。如果分散排课，建议每周安排 4 学时；如果集中排课，建议用时 2 周。书中为每个任务都提供了参考时间。

本书由辜小兵、杨鸿任主编，刘钟、苏敏、黄昌伟、邹波任副主编。编写分工如下：项目 1 由杨鸿编写，任务 2.1 与任务 2.2 由左晓霞编写，任务 2.3 与任务 2.4 由李小琼编写，任务 2.5 与任务 2.6 由王成编写，项目 3 由辜小兵编写，任务 4.1 与任务 4.2 由刘钟编写，任务 4.3 由李发鹰编写，任务 4.4 与任务 4.5 由苏敏编写，任务 5.1 由吕盛成编写，任务 5.2 由李金松编写，任务 5.3 与任务 5.4 由黄昌伟编写，任务 5.5 与任务 5.6 由邹波编写。格力电器(重庆)有限公司技术员温星宇、山东星科智能科技股份有限公司技术人员陆杰在本书编写过程中给予了技术指导。曾祥富、章夔、王英、杨清德、刘晓书、邓朝平等老师参加了本书教学大纲的讨论，在教学内容的安排上提出了许多宝贵意见，在此一并表示感谢。

限于编者水平，书中错漏之处在所难免，恳请广大读者批评指正。

第一版前言

在大力发展职业教育的今天，传统的教材和教学方法已经不完全适用。为此，围绕"以就业为导向，以能力为本位，以学生为主体"的教育指导思想，着眼于学生职业生涯发展，注重安全教育与职业素养的培养的教材应运而生。本书紧紧围绕这一主题将制冷与空调设备安装维修及实训，分成 3 个单元、7 个项目、27 个任务，包括维修制冷制热设备专用工具的使用，国家大赛指定设备的安装调试，冰箱和空调器的认识、选择、拆装和维修；同时介绍了汽车空调、中央空调和冷冻库等制冷设备的应用、维护和保养，让学生巧妙地从认识和拆装冰箱和空调器中学习其结构及其工作原理。

本书有以下特色：

(1)突出做中学、做中教，教、学、做有机结合，采用理论实践一体化模式。

(2)按职业岗位需求注重新知识、新技术、新工艺和新方法的介绍。

(3)针对职业教育特点，对接职业标准，内容及深度、难度的把握是够用，易学易懂。

(4)本书采用项目任务式的呈现模式，实现将理论、实践、知识、技能及情感态度有机整合并融入教材，适合职业学校学生认知。

(5)以项目、主题、任务、活动、案例等为载体组织教学单元，体现模块化、系列化，内容排列由简到繁，由易到难，梯度明晰，序化适当，新颖多样，喜闻乐见，交互性强。

(6)教学内容表现科学规范，图、文、表并茂，配合得当，形象生动，趣味性强，直观鲜明，适合职业学校学生的心理和生理特点。

(7)呈现了国家技能大赛内容，突出了行业规范。

(8)用"做一做"来训练学生综合知识技能的能力，用"想一想"来搭建师生互动平台，用操作评价来评价学生知识技能掌握情况，用自评来增强学生的自信心，用互评来实现学生与学生之间的相互学习，用师评来发现学生存在的问题，让师生共同感悟学习的快乐。

全书参考学时为 72 学时。如果分散排课，建议每周安排 4 学时；如果集中排课，建议用时 2 周。书中为每个任务都提供了参考时间。

本书在编写过程中，得到了中国高等学校电子教育学会、重庆市职业教育学会的大力支持，曾祥富、章夔、王英、杨清德、刘晓书、邓朝平等老师参加了本书教学大纲的讨论，在教学内容的安排上提出了许多宝贵意见；另外，特别是格力电器(重庆)有限公司售后服务管理中心提供了宝贵资料、浙江天煌科技实业有限公司提供了部分设备及相关资料。同时，本书编写工作的顺利完成，得益于国家社会科学基金"十一五"规划课题"以就业为导向的职业教育教学理论与实践研究"课题组研究成果的支持，在此一并表示由衷的敬意和诚挚的感谢。限于编者水平，书中错漏之处在所难免，恳请读者批评指正。

目　录

项目 1

加工制冷设备管材

正确制作制冷设备管材才能保障制冷设备正常运行。本项目将学习如何加工制冷设备管材，要求通过对专用管材加工工具使用方法和加工制作管材的操作方法的学习，能制作出达标的制冷设备管材，从而培养学生精益求精的工匠精神。

知识目标 ☞

1. 能说出割管器和铜管的分类。
2. 能说出扩口胀管器、冲头及弯管器的分类。
3. 能讲解毛细管切割方法，能复述正确的焊接操作步骤。

能力目标 ☞

1. 能正确使用割管器对铜管进行切割和倒角。
2. 能制作出合格喇叭口和杯形口。
3. 会使用弯管器将铜管弯曲成指定的弧度。
4. 能规范完成焊接火焰的调节和铜管的焊接操作。
5. 培养自信、沉着、冷静的心理素质及互帮互助的团队精神。
6. 培养严谨、规范的工匠精神和职业素养。

安全规范 ☞

1. 工作场所要通风，应配备灭火器材。严禁烟火，严禁放置易燃易爆物品，远离配电设备，避免发生火灾或爆炸。
2. 乙炔瓶和氧气瓶距离火源或高温热源不得小于10m。乙炔瓶和氧气瓶之间的距离不得小于5m。钢瓶要竖立放置，严防暴晒、锤击和剧烈震动。
3. 氧气瓶、连接管、焊炬、手套严禁附着油脂。氧气遇到油脂易引起事故。
4. 焊接操作前要仔细检查钢瓶阀门、连接管及各个接头部位，不得漏气。
5. 开启钢瓶阀门时应平稳缓慢，避免高压气体冲坏减压器。
6. 严禁在有制冷剂泄漏的情况下实施焊接操作。
7. 焊接完毕后，要关闭钢瓶阀门，确认无隐患后才能离去。
8. 进行制冷系统的维修时要佩戴手套和防护眼镜。

制冷与空调设备安装及维修（第二版）

电冰箱生产和空调器安装如图 1.1 所示。在电冰箱、空调器等制冷设备的生产、安装及维修工作中，往往会遇到切割、弯曲和焊接管材的操作。正确加工管材，是保证生产或维修制冷设备质量的重要内容。本项目主要学习如何加工制冷设备管材。

(a) 电冰箱生产 　　　　　　　　　　　　(b) 空调器安装

图 1.1　电冰箱生产和空调器安装

任务 1.1　切割管材并对管口倒角

任务目标：

(1)会使用割管器和倒角器。

(2)会按要求切割铜管。

(3)会去除管口毛刺和消除铜管收口。

任务分析：

本任务要求割取直径为 6mm、长度为 30cm 的铜管，然后将它们平均分成三份，从中学会使用割管器和倒角器。请提前准备铜管、割管器、倒角器和辅助工具(锉刀、卷尺和记号笔等)。切割后的铜管要求平直、圆整、切口整齐，铜管长度偏差不能大于 1mm。完成这项任务预计需要 45min。切割铜管并对管口倒角的作业流程图如图 1.2 所示。

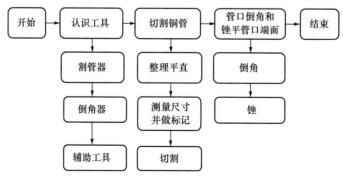

图 1.2　切割铜管并对管口倒角的作业流程图

电冰箱、空调器上常用的连接件是铜管。这些铜管构成了制冷设备的管道。在生产、安装维修过程中，需要使用专用工具将铜管进行切割并对管口进行倒角，如果工艺不能达到要求会严重影响产品质量。图1.3所示为工人在使用专用工具切割铜管。本任务主要介绍如何使用工具加工铜管。要特别注意的是，有些电冰箱中不使用铜管而使用铝管，加工的方法与铜管相同。

图1.3　工人在使用专用工具切割铜管

实践操作：切割铜管和管口倒角

1　认识工具

1）割管器

割管器（又称切割器）是用来切割铜管材的专用工具，主要由导轮、刀片、手柄（可旋转）等组成。割管器的种类很多，现以维修电冰箱、空调器时使用的割管器（图1.4）为例进行介绍。

使用割管器时将铜管放入导轮上，旋转手柄，使刀片与铜管接触，形成铜管被导轮与刀片夹持的状态。将割管器围绕铜管旋转一周，手柄旋转1/4周（称为进刀），如此往复即可切断铜管。

想一想：为什么要用割管器而不用钢锯将铜管切断？

2）倒角器

倒角器（图1.5）主要由外罩和锥形刀片构成。使用倒角器的目的是在切割铜管后，去除管口毛刺和消除铜管收口，防止铜管上的残留物进入制冷系统，同时提高铜管连接的质量。

使用倒角器时，将倒角器口向上，锥形刀片放入铜管口内，适度旋转倒角器即可去除管口毛刺，同时消除铜管收口。

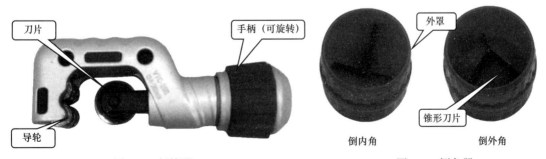

刀片　　手柄（可旋转）

导轮

图1.4　割管器

外罩

锥形刀片

倒内角　　　　倒外角

图1.5　倒角器

想一想：为什么使用专用的倒角器，而不用螺钉旋具（或小刀）来去除铜管口的毛刺和消除铜管收口？

2 切割铜管

根据任务要求，将管径为 3/8in(1in＝2.54cm) 的铜管按要求切割，操作步骤如下。

将铜管慢慢拨动至平直，注意用力不能过大，防止铜管变形。

用卷尺在铜管上测量出 6cm 的长度，并用记号笔在铜管上做记号。再将 30cm 铜管平均分三份，用记号笔做好记号。

左手握住铜管，右手持割管器，将铜管夹在导轮与刀片之间（注意：刀片要对准记号笔留下的记号。旋转手柄将铜管夹紧）。割管器绕铜管顺时针旋转一周，同时应慢慢旋转手柄1/4周（进刀），重复上述动作，直至铜管被割断。

提示

(1)为了防止铜管变形，除了应慢慢拨动铜管外，两手间的距离也不能过大。

(2)为了准确切割铜管尺寸，做记号的笔痕越细越好。

(3)在夹持和切割铜管的过程中，进刀量务必要小，否则铜管会变形，严重时会损坏刀片。

(4)割管器绕铜管顺时针旋转一周，才能进刀一次。

3 管口倒角和锉平管口端面

接下来的工序就是对切割后的铜管管口进行倒角，并锉平管口端面，操作步骤如下。

倒角器锥形刀片向上，铜管口向下，将倒角器锥形刀片插入管口内，左手握紧铜管不动，右手旋转倒角器。反复操作直到去除毛刺，同时消除管口收口。

2 倒角器锥形刀片向下，铜管口向下，将铜管放入倒角器内，右手握紧铜管不动，左手旋转倒角器，反复操作直到去除毛刺。

3 合格作品：铜管切口整齐、光滑、平直、圆整。

提 示

(1)为了防止铜屑残留在铜管内，除了操作时应将锥形刀片向上和铜管口向下放置外，还要将铜管竖直放置后在工作台上抖动几下，确保铜管内干净无铜屑。

(2)锉刀的锉齿要细，操作时锉刀与铜管端面应成90°。

4 操作评价

对切割管材专用工具的使用和加工的铜管情况，根据表1.1中的要求进行评价。

表1.1 工具的使用和加工的铜管情况评价表

项目	工具使用/50分	铜管加工质量/50分	自评/分	互评/分	教师评价/分	平均成绩/分
割管	割管器： 1. 刀片对准标记，得15分 2. 旋转一周进刀一次，得15分	1. 切口整齐、光滑，得15分 2. 割管器刀口未崩裂，得10分 3. 铜管平直、圆整，得10分				
倒角	倒角器：锥形刀片向上，得20分	1. 管口无毛刺和收口，得5分 2. 铜管内没有残留铜屑，得10分				
安全文明操作	违反安全文明操作（视其情况进行扣分）					
额定时间	每超过5min扣5分					
开始时间		结束时间		实际时间		成绩	
综合评价意见（教师）						
评价教师			日期			
自评学生			互评学生			

理论知识：割管器的分类、铜的性质及毛细管的切割方法

1 割管器的分类

割管器的种类较多，有的用来割大铜管，有的用来割小铜管，有的用来割弯铜管，还有的用来割钢管。常见的割管器如图 1.6 所示，它们可以用来切割不同的管道。在实际工作中应根据需要正确选择。

图 1.6　常见的割管器

2 铜的性质

铜可分为紫铜(又称纯铜)和黄铜。紫铜呈紫红色，铜的质量分数大于 99.3%，导电、导热、耐腐蚀和焊接性能优良，绝大多数电冰箱、空调器上使用的铜管材料是紫铜。黄铜是铜与锌形成的合金，具有较高的硬度、强度、耐磨性和耐蚀性，主要用于铸造机器零件、制造管材、板材和棒材等，军工上用黄铜制造枪弹弹壳等。

3 毛细管的切割方法

电冰箱和空调器上的铜管有一种是毛细管，它是一根孔径很小的紫铜管。在切割时不使用割管器，而是用锉刀锉出槽口，或者用刀划出刀痕，然后用手轻轻将其折断。

任务小测

1. 填空题(每题 10 分，共 50 分)
   (1)割管器(又称切割器)的作用是_____。
   (2)倒角器的作用是_____。
   (3)铜一般分为_____铜和_____铜。
   (4)在夹持和切割铜管的过程中，进刀量不能_____，否则铜管会变形，严重时会损坏刀片。
   (5)在锉平铜管口时，锉刀与管口端面应成_____。

2. 判断题(每题 10 分，共 50 分)
   (1)切割后的铜管可以变形。　　　　　　　　　　　　　　　　　　(　)
   (2)切割铜管时，割管器绕铜管顺时针旋转半周，才能进刀一次。　　(　)

（3）毛细管不能用割管器切割。   （　　）
（4）倒角时锥形刀片向上，铜管口向下，才能确保铜管内表面干净。   （　　）
（5）电冰箱和空调器上的铜管都是黄铜管。   （　　）

任务 1.2　制作管材的喇叭口和杯形口

任务目标：

（1）会使用胀管扩口器。

（2）会制作合格的喇叭口和杯形口。

任务分析：

本任务要求正确使用胀管扩口器，将长 10cm、直径 6mm 的铜管，一端管口制作成杯形口，另一端管口制作成喇叭口。要求喇叭口和杯形口端面平整、圆滑，圆锥面和圆柱面没有破口。请提前准备铜管、胀管扩口器、签字笔等材料和工具。完成这项任务预计需要 90min。制作管材的喇叭口和杯形口作业流程图如图 1.7 所示。

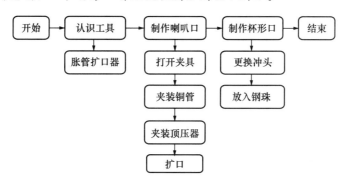

图 1.7　制作管材的喇叭口和杯形口作业流程图

在制冷设备的生产、安装和维修过程中，常常需要通过螺纹对铜管进行连接，例如，空调器的室内机与室外机的连接、充注制冷剂时钢瓶和制冷系统的连接等。前者要将铜管做成喇叭口（又称铜管翻边）后与螺纹接头配合连接，后者要将铜管做成杯形口后进行对插连接。应使用专用工具来制作喇叭口和杯形口，如图 1.8 所示。

图 1.8　使用专用工具制作喇叭口和杯形口

实践操作：喇叭口和杯形口的制作

1 认识工具

胀管扩口器是用来制作喇叭口和杯形口的专用工具，主要由夹具、顶压器、冲头等组

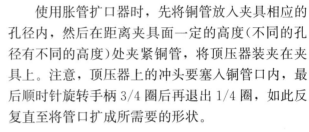

成，如图 1.9 所示。

使用胀管扩口器时，先将铜管放入夹具相应的孔径内，然后在距离夹具面一定的高度（不同的孔径有不同的高度）处夹紧铜管，将顶压器装夹在夹具上。注意，顶压器上的冲头要塞入铜管口内，最后顺时针旋转手柄 3/4 圈后再退出 1/4 圈，如此反复直至将管口扩成所需要的形状。

2 制作喇叭口

图 1.9 胀管扩口器及不同种类的冲头

根据任务要求，先将直径 6mm 的铜管一端管口制作成喇叭口，操作步骤如下。

	打开夹具：右手旋转锁紧螺母打开夹具。
	装夹铜管：将倒角后的铜管装夹在相应夹具的卡孔中，铜管露出夹板面 1.1mm 左右，旋紧螺母直至夹紧。
	装夹顶压器：将顶压器装夹在夹具上，同时将涂有少量润滑油的锥形冲头对准铜管口。旋转顶压器上的手柄使其刚好夹住。
	扩口：顺时针旋转手柄 3/4 圈后再退出 1/4 圈，反复进行，直至将管口扩成喇叭口。

旋转夹具上的螺母，打开夹具，取出制作完成的铜管。

合格作品：制作成形的喇叭口端面要平整、圆滑，圆锥面无毛刺和裂纹。

想一想：铜管与铜管连接时端口为什么应制作成喇叭口和杯形口？

3　制作杯形口

根据任务要求将直径 6mm 的铜管另一端管口制作成杯形口。完成这一任务需要两个环节：一是更换冲头，二是制作杯形口。

（1）更换冲头，操作步骤如下。

取出锥形冲头：左手固定螺母，右手旋动冲头直至取下，然后将冲头内的钢珠取出。

放入钢珠：将胀管扩口器锥形冲头中的钢珠放入圆柱形冲头（冲头的大小等于铜管外径的 1.1 倍）。

安装圆柱形冲头：左手固定螺母，右手将装有钢珠的圆柱形冲头旋动直至拧紧。

（2）制作杯形口，操作步骤如下。

量出铜管露出夹具面的高度：将铜管放在选定的冲头处量取出高度并做好标记。

2		装夹铜管：将做好标记的铜管放在选定夹具的卡孔中，保证标记和夹具在同一水平面内，然后夹紧。
3		制作杯形口：与制作喇叭口的操作相同，装夹顶压器，顺时针旋转手柄3/4圈后退出1/4圈，直至扩成杯形口。
4		合格作品：制作成形的杯形口端面要平整、圆滑，管径为3/8in铜管深度要达到8mm，管口无毛刺和裂纹。

提 示

(1)在扩口前要对管口进行倒角，否则会出现卷边。

(2)在选择夹具上的卡口时要注意其是公制卡口还是英制卡口，卡口端面应成锥形。

(3)铜管露出夹具面不能过高，否则容易产生卷边。因此在测量尺寸时应尽量准确。

(4)锥形冲头要抹冷冻油，旋转手柄时速度要慢，否则管口容易开裂。

(5)换冲头时要小心，防止钢珠丢失。

做一做

使用两根长为10cm、直径为9.5mm的铜管，其中一根铜管的一端管口制作成喇叭口，另一根铜管的一端管口制作成杯形口，然后将两根铜管连接起来。对制作成果先自己评价，然后请其他同学评价，最后请老师评价。

4 操作评价

对胀管扩口器的使用和加工的铜管情况，根据表1.2中的要求进行评价。

表 1.2　工具的使用和加工的铜管情况评价表

项目	工具使用/50 分	铜管加工质量/50 分	自评/分	互评/分	教师评价/分	平均成绩/分
制作喇叭口	1. 做喇叭口铜管露出夹具面高度，得10 分 2. 旋转手柄3/4 圈，退出1/4圈，得15 分	1. 喇叭口端面平整、圆滑，锥度为60°左右，得5 分 2. 圆锥面没有破口，得15 分 3. 圆锥体没有明显的倾斜，得5 分				

续表

项目	工具使用/50分		铜管加工质量/50分	自评/分	互评/分	教师评价/分	平均成绩/分
制作杯形口	1. 做杯形口铜管露出夹板面是铜管直径的1.1倍，得10分 2. 旋转手柄3/4圈，退出1/4圈，得15分		1. 杯形口端面要平整、圆滑，得10分 2. 圆柱面没有破口，得15分				
安全文明操作	违反安全文明操作(视其情况进行扣分)						
额定时间	每超过5min扣5分						
开始时间		结束时间		实际时间		成绩	
综合评价意见(教师)							
评价教师			日期				
自评学生			互评学生				

理论知识：胀管扩口器和冲头的分类

1 胀管扩口器的分类

胀管扩口器的种类很多，需配合榔头使用的胀管棒冲仔、手动胀管器、多功能的公英制手动胀管器、省力的液压胀管器及电动胀管器等。常见的胀管扩口器如图1.10所示。

胀管棒冲仔（需配合榔头使用）

手动胀管器

公英制手动胀管器

液压胀管器

电动胀管器冲头（需配合电钻使用）

电动胀管器

图1.10　常见的胀管扩口器

2 公制螺纹和英制螺纹的区别

在用螺纹进行管材连接时，如果将公制螺纹与英制螺纹进行连接，螺纹将被损坏，同时管道的气密性也得不到保障。区别公制螺纹和英制螺纹的方法是，公制螺纹用螺距来表示，螺纹是60°等边牙形，一般用3、4、5、6、8、10、12、14、16、20等数字表示，单位是毫米（mm）。英制螺纹用每英寸内的螺纹牙数来表示，螺纹是等腰55°牙形，英制螺纹的公称直径一般用1/4、1/2、1/8表示，单位是英寸，行业内常表示为1/4"、1/2"、1/8"等。

3 管道的连接

制作喇叭口、杯形口的目的是实现管道的连接。应先将螺母套进铜管内，再制作喇叭口。连接时必须先将铜管上的螺母拧在配管螺纹上，千万不要在螺母与螺纹没有对齐时就用力矩扳手拧紧螺母，这样会损坏管口，使其报废。为了保证管道的气密性，对直径为6mm的铜管，扳手力矩为18N·m；对直径为9mm的铜管，扳手力矩为40N·m；对直径为12mm的铜管，扳手力矩为52N·m。如果没有力矩扳手，可用活扳手拧紧螺母，用力不可过大或过小，自觉摸索经验掌握力度。

4 冲头的分类

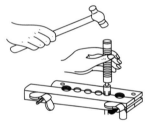

图1.11 使用普通冲头扩口胀管

冲头一般分为普通冲头和顶压器用冲头，前面已经应用了顶压器用冲头，这里应用普通冲头来扩口胀管，如图1.11所示。

使用普通冲头扩口胀管的方法是：将铜管装夹在夹具上，选择相应的冲头（铜管露出的高度按顶压器扩口的方法量取），涂上润滑油，再将其敲入铜管内。每敲一次应旋转一次冲头，直至管口成为需要的形状。

任务小测

1. 填空题（每题10分，共50分）
   (1) 胀管扩口器的作用是_____，它主要由夹具、顶压器和_____等组成。
   (2) 螺纹有公制螺纹和_____螺纹。
   (3) 扩口时顺时针旋转手柄_____圈后退出_____圈，如此反复操作直至扩成喇叭口。
   (4) 制作喇叭口的目的是_____。
   (5) 制作杯形口的目的是_____。

2. 判断题（每题10分，共50分）
   (1) 制作完成的喇叭可以破口。　　　　　　　　　　　　　　　　　　　（　　）
   (2) 杯形口端面不能平整、圆滑，锥度在60°左右。　　　　　　　　　（　　）

（3）在扩口前冲头要先抹油，否则质量可能出问题。　　　　　　　（　　）

（4）制作杯形口和喇叭口时可以使用同一个冲头。　　　　　　　　（　　）

（5）不需要顶压器也可以制作杯形口。　　　　　　　　　　　　　　（　　）

任务 1.3　管材的弯曲及封口

任务目标：

（1）会使用弯管器。

（2）会对铜管进行弯曲。

任务分析：

本任务是将长为 30cm、直径为 6mm 的铜管弯曲 180°。完成这一任务需要铜管、弯管器、卷尺和签字笔等材料和工具。质量要求：铜管弯曲部分要圆滑，没有凹陷，不应发生翘变。通过完成本任务，学会利用弯管器弯曲铜管。完成这项任务预计需要 60min。其作业流程图如图 1.12 所示。

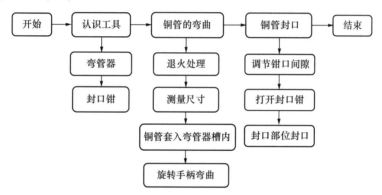

图 1.12　管材的弯曲及封口作业流程图

在制冷设备的生产、安装和维修过程中，常常需要将管材进行弯曲。大部分弯曲成 90°，只有少部分弯曲成 180°。为了保证产品质量，在弯曲部分先对铜管进行退火处理，然后使用专用工具进行弯曲。对管径 4mm 以下的铜管，可以用手直接弯曲。弯管工具如图 1.13 所示。

图 1.13　弯管工具

实践操作：铜管的弯曲及封口

1 认识工具

1）滚轮式弯管器

弯管器的种类很多，这里主要介绍滚轮式弯管器。滚轮式弯管器是用来弯曲管道的专用工具，主要由手柄、弯管器滚轮、弯管角度盘等组成，如图 1.14 所示。

使用时将铜管放置在弯管器滚轮槽内，搭扣住铜管，然后慢慢旋转手柄，使铜管逐渐弯曲到规定的角度。

2）封口钳

封口钳是用来封闭铜管管口的工具，主要由钳口、调节钳口间隙的螺钉、锁紧螺母和手柄等组成，如图 1.15 所示。

使用封口钳时，根据铜管厚度调节钳口间隙，然后打开封口钳，对准封闭的部位，将铜管夹扁并封闭。

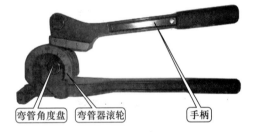

弯管角度盘　弯管器滚轮　　手柄

图 1.14　滚轮式弯管器

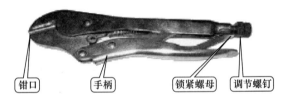

钳口　　手柄　　锁紧螺母　调节螺钉

图 1.15　封口钳

2 铜管的弯曲

根据任务要求，将 Φ6mm 的铜管弯曲成 180°，操作步骤如下。

用卷尺在退火后的铜管上测量尺寸，并用记号笔在铜管上做记号。

将 Φ6mm 的铜管套入相应的弯管器槽内，同时铜管上的标记对准弯管角度盘的 0/0 处。

手持手柄将其压向铜管，然后慢慢顺时针方向旋转，使0/0位对准180，铜管弯曲结束。

取下铜管。

想一想：可以用手将铜管直接弯曲吗？为什么？

 **提　示**

(1)用延伸性好的铜管，才能在弯曲后不变形。

(2)铜管应预先进行退火处理，否则铜管会凹陷，严重时会破裂。

(3)加工的铜管壁厚应为1mm左右，否则铜管会破裂。

(4)铜管的规格与弯管器的规格一致，在弯曲的过程中一定要慢慢进行，才能使弯曲部分平滑。

(5)弯曲最大角度为180°。

3　铜管封口

根据任务要求，将Φ6mm已经弯曲的铜管封口，操作步骤如下。

 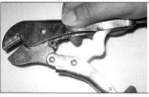
根据铜管尺寸，左手握住封口钳的手柄，右手调节钳口间隙并锁紧螺钉。

右手握住封口钳的手柄，左手打开钳口。

3
对着封口部位封口。

用力将手柄合在一起，完成封口。为了管道的气密性，一般应在管口处封 3～4 个点。

做一做

将一根长为 30cm、直径为 9.5mm 的铜管弯曲 90°，先自己评价，然后请其他同学评价，最后请老师给出评价。

4 操作评价

对工具的使用和加工的铜管情况，根据表 1.3 中的要求进行评价。

表 1.3 工具的使用和加工的铜管情况评价表

项目	工具使用/50 分	铜管加工质量/50 分	自评/分	互评/分	教师评价/分	平均成绩/分
弯管	弯管器： 1. 铜管上的标记与弯管角度盘的 0/0 位对齐，得 15 分 2. 慢慢旋转手柄使 0/0 位对准 90，得 15 分	1. 铜管弯曲平滑，得 15 分 2. 铜管弯曲没有凹陷，得 10 分 3. 铜管弯曲后没有发生翘曲，得 10 分				
封口	封口钳：间隙调整合适，没有压断铜管，得 20 分	铜管封口严密，得 15 分				
安全文明操作	违反安全文明操作(视其情况进行扣分)					
额定时间	每超过 5min 扣 5 分					
开始时间		结束时间		实际时间		成绩	
综合评价意见(教师)						
评价教师		日期				
自评学生		互评学生				

理论知识：弯管器的分类

1 弯管器的分类

弯管器的种类很多，有精度不高的弹簧弯管器、性价比很高的杠杆式弯管器、省力的液压弯管器和电动弯管器等，如图 1.16 所示。

弹簧弯管器

杠杆式弯管器

液压弯管器

电动弯管器

图 1.16 弯管器

2 手工弯曲铜管

对管径较小(4mm 以下)的铜管可以直接用手弯曲。操作方法是：选择合适的距离握住铜管，一只手紧握，另一只手一边沿铜管滑动、一边慢慢地将铜管弯曲。在弯曲过程中，用力不能过猛，否则容易使铜管压扁或损坏。同时弯曲用度不能过大，否则会压坏铜管。

任务小测

1. 填空题(每题 10 分，共 50 分)
   (1)弯管器的作用是_____。
   (2)封口钳的作用是_____。
   (3)用弯管器弯曲铜管的最小直径应大于_____ mm。
   (4)为了管道的气密性，一般要在管口处封_____点。
   (5)为了保证弯曲铜管的质量，在弯曲前要做_____处理。

2. 判断题(每题 10 分，共 50 分)
   (1)弯曲后的铜管应该没有凹陷。　　　　　　　　　　　　　　　( )
   (2)为了保证铜管弯曲的质量，在弯曲过程中速度越快越好。　　　( )
   (3)弯管器只能弯曲铜管，不能弯曲钢管。　　　　　　　　　　　( )
   (4)加工的铜管壁厚应为 1mm 左右，否则铜管会破裂。　　　　　( )
   (5)封口钳的间隙不能调得太小，以免压断铜管。　　　　　　　　( )

任务 1.4 管材的焊接

任务目标：

(1)会使用焊接工具。

(2)能识别焊接火焰。

(3)能正确焊接管材。

任务分析：

本任务要求将长为 30cm、直径为 6mm 的铜管与已经做成杯形口的相同直径的铜管焊接起来。完成这项任务需要一套气焊设备和铜管。要求焊接表面没有凹凸不平、短缺现象，接口处没有气泡或气孔，焊接表面圆滑、光洁，管接口处没有烧熔化、开裂现象。完成这项任务预计需要 90min。管材焊接的作业流程图如图 1.17 所示。

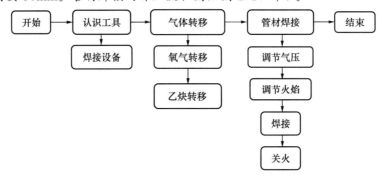

图 1.17 管材焊接的作业流程图

铜管与铜管之间除了使用螺纹连接以外，更多地需要通过焊接进行连接。常见的焊接设备有电焊设备和气焊设备，目前用在制冷系统管道中的多数是气焊设备。因此学会气焊设备的使用，是保证制冷设备质量的关键。常见的焊接设备如图 1.18 所示。

图 1.18 常见的焊接设备

实践操作：焊接火焰的识别和管材的焊接

■1 认识工具

焊接设备的种类有很多，这里主要以便携式气焊设备为例进行介绍。便携式气焊设备主要由压力表、氧气钢瓶、乙炔(也可用液化石油气)钢瓶、橡胶输气管(连接管)、焊炬(又称焊枪)等组成,橡胶输气管将其余三者连接在一起,如图1.19所示。

使用方法如下。

(1)打开乙炔钢瓶和氧气钢瓶的阀门。

(2)顺时针方向调节各自减压器上的顶针丝至所需要的压力。

(3)右手拿焊炬顺时针拧开乙炔气调节阀门,并"点火",打开焊炬上的氧气调节阀门,使火焰呈中性。

(4)焊接完毕,先关闭焊炬的氧气阀门,再关闭乙炔气阀门。

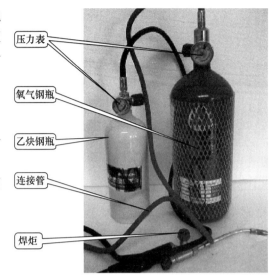

图1.19　便携式气焊设备

2 气体的转移

在焊接前首先要将氧气和乙炔装入相应的钢瓶中,完成气体的转移。在转移过程中务必注意遵守安全规范。

(1)将氧气从大钢瓶转移到小钢瓶(一般是蓝色钢瓶)中,操作过程如下。

1 	取堵头:关闭氧气钢瓶阀门,用活动扳手取下氧气钢瓶瓶阀上的堵头。
2 	连接大小氧气钢瓶:用过桥将大小氧气钢瓶连接起来。
3 	开阀:打开大氧气钢瓶阀门(也可以先打开小氧气钢瓶阀门)。

| 4 |  | 开阀看压力：慢慢打开小氧气钢瓶阀门，直到氧气压力表显示为10MPa，充气完毕。关闭阀门，取下过桥，装上堵头。 |

（2）将乙炔从储气罐转移到小钢瓶（一般是白色钢瓶）中，操作过程如下。

| 1 |  | 乙炔储气罐与小钢瓶连接：将储气罐瓶盖打开，直接将气针穿进小钢瓶孔中。 |

| 2 |  | 加气：将乙炔储气罐往下压，乙炔就注入了小钢瓶中。 |

3 使用便携式气焊设备焊接管材

根据任务要求，将直径为6mm的铜管插入已经做成杯形口的相同直径的铜管中，并将它们焊接在一起，具体操作如下。

| 1 |  | 打开氧气钢瓶的总阀门，将输出压力调节为0.15~0.2MPa。 |

| 2 |  | 打开乙炔钢瓶的总阀门，将输出压力调节为0.01~0.05MPa。 |

3		打开焊炬上乙炔调节阀，使喷嘴中有少量的乙炔喷出。
4		用打火机靠近喷嘴，明火点燃，喷嘴有火苗喷出。
5	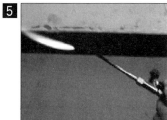	缓慢调节氧气调节阀，使火焰的内焰呈亮蓝色，外焰呈天蓝色。这种火焰称为中性焰。
6		对准铜管连接处加热。当铜管呈樱桃红色时，将焊条放在焊口处使其熔化。待焊接处都有熔化的焊液时，焊炬离开焊接处，让铜管自然冷却。

💡 **提 示**

熄火时，先关闭焊炬上的氧气调节阀，然后关闭乙炔调节阀。如果先关闭乙炔调节阀，然后再关闭氧气调节阀，焊炬会发出爆炸声。

使用便携式气焊设备时，由于接触的是易燃、易爆物品，要严格按照规范程序操作，坚持生命至上原则，尤其注意人身及财产安全。优质的焊缝表面不会出现凹凸不平、焊接短缺现象，表面应光滑、光洁；接口处不应出现气泡或气孔，没有烧熔或开裂。焊接需要反复训练才能达到一定的技术水平。

想一想：铜管的连接，除了用气焊焊接外，还能采用哪些方法焊接？

📖 **做一做**

加工一根铜管，具体要求是，将一根弯曲成90°和一根弯曲成180°的铜管焊接起来。完成后填写评价表1.4。

4 操作评价

根据表 1.4 中的要求，对工具的使用和加工的铜管情况进行评价。

表 1.4　工具的使用和铜管焊接评价表

项目	工具使用/60分	铜管加工质量/40分	自评/分	互评/分	教师评价/分	平均成绩/分
焊接铜管	1. 检测焊具是否漏气，得10分 2. 氧气钢瓶输出压力为0.15～0.2MPa，得10分 3. 乙炔钢瓶输出压力为0.01～0.05MPa，得10分 4. 先打开乙炔调节阀再打开氧气调节阀，得10分 5. 火焰为中性焰，得10分 6. 熄火时先关氧气调节阀再关乙炔调节阀，得10分	1. 焊接表面没有凹凸不平、短缺现象，得10分 2. 接口处没有气泡或气孔，得10分 3. 焊接表面光滑、光洁，铜管接口处没有烧熔，得10分 4. 铜管接口处没有开裂，得10分				
安全文明操作	违反安全文明操作(视其情况进行扣分)					
额定时间	每超过5min扣5分					
开始时间		结束时间		实际时间		成绩	
综合评价意见(教师)						
评价教师			日期			
自评学生			互评学生			

理论知识：焊接设备的基础知识

1 乙炔-氧气焊接设备

气焊设备是加工管道和安装、维修制冷设备必不可少的工具，乙炔-氧气焊接设备组成如图 1.20 所示。

1)氧气钢瓶

氧气钢瓶是用来存储和运输氧气的一种高压容器，其容积为40L(轻型氧气钢瓶容积约为2～10L)，标准压力为15MPa。氧气钢瓶的接头处安装有压力表，用来指示氧气压力，还装有减压调节阀，调节输出氧气的压力。

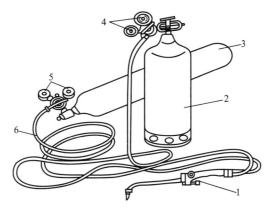

1—焊炬；2—乙炔钢瓶；3—氧气钢瓶；4—乙炔减压器；5—氧气减压器；6—橡胶输气管。

图1.20 乙炔-氧气焊接设备组成

2)乙炔(也可用液化石油气)钢瓶

乙炔钢瓶是存储和运输乙炔气体的一种高压容器，钢瓶最大限定压力为1.56MPa，乙炔含有约93%的碳和约7%的氢，当与纯氧气混合、点燃后可产生高温火焰。

3)橡胶输气管

橡胶输气管有两根。一根是氧气输气胶管(蓝色或黑色)，工作压力为1.5MPa，试验压力为3.0MPa；另一根是乙炔输气胶管(红色或橙色)，工作压力为0.5MPa。橡胶输气管长度为10～15m，太长容易增加气流流动的阻力。

4)焊炬(又称焊枪)

焊炬是执行焊接操作的部分，前端有喷嘴，可喷出高温火焰来焊接管路接头。

2 氧气、乙炔和液化石油气的性质

1)氧气的性质

氧气在常温、常压下是一种无色、无味、无毒的气体，比空气稍重。氧气本身不能燃烧，但有很强的助燃作用。高压氧气在常温下能与油脂物质发生化学反应，引起发热、自燃或爆炸。因此，氧气瓶、橡胶输气管、焊炬、手套均严禁接触油脂。

2)乙炔的性质

乙炔是一种无色的碳氢化合物，通常使用的是含有磷化氢、硫化氢和氨的混合物，所以有刺鼻的异味。乙炔本身不能完全燃烧，只有与一倍以上的氧气混合后方可完全燃烧。乙炔在氧气的助燃下，火焰的温度可达3 500℃，是气焊使用的理想气体。乙炔在高温或198kPa的气压下，有自燃或爆炸的危险。在低压下振动、加热、锤击，也有爆炸的危险。

3)液化石油气的性质

液化石油气是液化石油的副产品，主要成分是丙烷、丁烷、丙烯、丁烯等碳氢化合物。在常温、常压下是气态，0.8MPa左右的压力下就可变为液态。液化石油气与氧气混合，可以获得理想的火焰，温度可以达到2 000℃以上。由于液化石油气使用安全、卫生、方便，常用于制冷设备的维修。

3 火焰的种类与调节

1）火焰的种类

乙炔-氧气焊接火焰的种类及说明见表1.5。

表1.5 乙炔-氧气焊接火焰的种类及说明

火焰分类	火焰调节	示意图	说明
碳化焰	刚点燃后的火焰一般是碳化焰		乙炔的含量超过氧气含量时产生碳化焰，温度为2 700℃左右。适用于钎焊铜管与钢管的焊接
中性焰	在碳化焰的基础上逐渐增加氧气含量，直至焰心有明显的轮廓		乙炔和氧气含量适合时产生中性焰，温度为3 100℃左右。适用于钎焊铜管与铜管的焊接
氧化焰	在中性焰基础上再增加氧气含量，火焰变为蓝色		氧气含量超过乙炔含量时产生氧化焰，温度为3 500℃左右。会造成焊件的烧坏，不适用于制冷管材的焊接

2）火焰的要求

（1）火焰温度要足够高，但不能太高，以不使金属碳化为宜。

（2）火焰热量要集中、体积小，焰心要直。

（3）火焰不能离开喷嘴，产生这种现象的原因是乙炔开关开得过大。

4 焊条和焊剂

1）焊条

焊条是气焊接过程中不可缺少的材料，是管材连接的纽带，它的性能直接影响焊接的质量，因此不同材料的管材应该选择不同的焊条。常见的焊条有银铜焊条、铜磷焊条、铜锌焊条等。常用国产焊条的类别、牌号、性能和适用范围见表1.6。

表1.6 常用国产焊条的类别、牌号、性能和适用范围

类别	牌号	主要元素含量/%				焊接温度/℃	适用范围
		Ag	Cu	Zn	P		
银铜焊条 AgCuZn	料301	9.7～10.3	52～54	35～38		815～850	铜与铜 铜与钢 钢与钢 使用焊剂
	料302	24.7～25.3	39～41	33～36.5		745～775	
	料303	44.5～45.5	29.5～31.5	23.5～26		660～725	
	料312	39～41	16.4～17.4	16.6～18.6	0.1～0.5	595～605	
铜磷焊条 CuP	料909		91～94		5～7	715～730	铜与铜 不用焊剂
	料204	14～16	78～82		4～6	640～815	
	料203		90.5～93.5		5～7	650～700	

类别	牌号	主要元素含量/%				焊接温度/℃	适用范围
		Ag	Cu	Zn	P		
铜锌焊条 CuZn	料103		52~56	44~48		885~890	铜与铜 铜与钢 钢与钢 使用焊剂

2)焊剂

焊剂的作用是保证焊接过程顺利进行和获得致密的焊接效果。在焊接过程中能清除焊件上的氧化物或杂质，同时保护焊料和母材免于氧化。目前常用的焊剂有硼酸、硼砂、硅酸。焊剂的熔渣对金属有腐蚀作用，因此焊接完毕后必须将其完全清除干净。

5 焊接的结构形式

1)相同管径的焊接

相同管径的焊接应采用插入式的焊接结构，即铜管的一端为杯形口，接口部分内外表面用砂布擦亮，不能有毛刺、锈蚀或者凹凸不平。另一根铜管也按此方法清理干净，然后插入扩口内压紧，简称插焊。如果插焊受到铜管长度的限制，可用短套管结构焊接，如图1.21所示。

2)不同管径的焊接

不同管径的焊接方法是，将铜管清理干净，小管插入大管中，插入长度为25~30mm，用夹钳夹扁大管，其夹扁长度为15~20mm。夹扁时不能将小管夹扁，如图1.22所示。

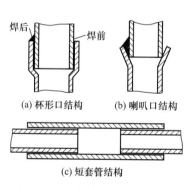

图1.21 相同管径的焊接形式

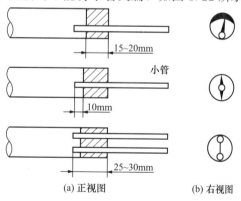

图1.22 不同管径的焊接形式

任务小测

1.填空题(每题10分，共50分)

(1)焊接设备是用来＿＿＿＿＿＿＿＿专门工具。

(2)焊接完毕在熄火时，先关闭焊炬上的_____调节阀，然后关闭_____调节阀，这样焊炬才不会发出爆炸声。

(3)焊接工作场所要_____，严禁_____、严禁放置_____物品。

(4)优质的焊缝表面不会出现_____现象，接口处不会出现_____，接口处没有_____和_____。

(5)乙炔–氧气焊接火焰有_____种，分别是_____焰、_____焰和_____焰。

2. 判断题(每题10分，共50分)

(1)要连接管材只有通过焊接才能完成。 （ ）

(2)相同管径只能采用插入式的焊接结构。 （ ）

(3)在焊接的操作过程中先打开氧气调节阀，再打开乙炔调节阀。 （ ）

(4)乙炔钢瓶和氧气钢瓶距离火源或高温热源不得小于2m。 （ ）

(5)氧气钢瓶的容积一般为40L。 （ ）

项目 2
电冰箱、空调器的安装与调试

本项目将运用制冷与空调系统技能实训装置来学习电冰箱和空调器的制冷系统和电气控制系统的结构，制冷和制热的原理，组装与调试技巧，零部件质量检测，制冷系统清洗，制冷系统试压、检漏、抽真空和充注制冷剂，培养学生吃苦耐劳的工匠精神和规范操作的职业素养。

知识目标 ☞

1. 能说出热交换器、压缩机、制冷系统的种类。
2. 能讲解检测种类和方法。
3. 能讲解制冷、制热的原理。
4. 能介绍压力表和直通阀的使用方法。

能力目标 ☞

1. 能正确检测往复活塞式压缩机的好坏。
2. 能规范安装电冰箱和空调器的部件及管道。
3. 能正确地对制冷系统进行吹污、试压和检漏。
4. 能检测电冰箱和空调器控制电路部件的好坏。
5. 能规范连接电冰箱和空调器的电气控制线路。
6. 能对电冰箱和空调器制冷系统进行抽真空和充注制冷剂。
7. 培养勤俭节约、吃苦耐劳的工作作风。
8. 培养自信、沉着、冷静的心理素质。
9. 培养一丝不苟、精益求精的工匠精神。

安全规范 ☞

1. 制冷设备在充注或排放制冷剂时，应打开门窗，保持空气流通。操作岗位应在上风处，防止发生缺氧窒息的事故。
2. 维修制冷设备时，应随时随地保持工作环境的清洁，防止灰尘、水分和其他杂物进入制冷系统。

3. 制冷设备及维修设备在通电前，应确保制冷设备的接地线完好，接线头的金属部分不裸露，若有，应重接，否则不准通电。

4. 在拆装压缩机时，应注意拆装顺序，不能搞错。选用工具要准确，拆螺钉时，用力要适当，避免身体或设备受损。

5. 使用氮气试压吹气时，通常应安装减压阀；搬运钢瓶时要小心轻放；开启钢瓶阀门时，应站在阀门的侧面，缓慢开启。

本项目主要学习电冰箱、空调器和冷藏库等制冷设备的生产、维修相关内容。通过对电冰箱、空调器的组装、调试，了解其结构并理解其工作原理，从而掌握相关维修方法。

任务 2.1　认识、检测制冷系统部件

任务目标：
(1)认识制冷系统常见部件。
(2)学会活塞式压缩机的检测方法。

任务分析：
本任务要求认识制冷系统常见部件，了解各部件作用、结构及常见故障，对活塞式压缩机、电动机的绕组质量进行检测。要完成这项任务需要准备热交换器、毛细管、干燥过滤器、电磁四通阀及活塞式压缩机。完成这项任务预计需要90min。制冷系统的部件和检测作业流程图如图2.1所示。

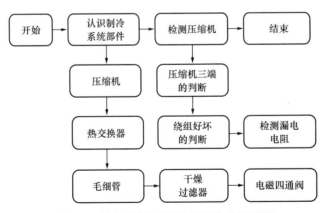

图 2.1　制冷系统的部件和检测作业流程图

电冰箱、空调器的制冷系统(图2.2)主要由压缩机、热交换器、毛细管、干燥过滤器、电磁四通阀等组成。它们在制冷系统中的作用是什么？结构是什么？质量如何判断？这些部件的常见故障特征是什么？通过本任务的学习可以找到这些答案。

图 2.2 制冷系统各部件

实践操作：认识制冷系统部件和检测活塞式压缩机

1 认识制冷系统部件

1)压缩机

根据热传递过程可以知道，热量不能够自发地从一个低温物体传向另一个高温物体。压缩机就像是制冷系统的"心脏"，是整个制冷系统的动力来源。简单地说，压缩机在制冷系统中的作用是从蒸发器中吸入低温、低压的制冷剂气体，通过做功提高气体温度和压力，创造在较高温度下冷凝的条件，压缩机输送并推动制冷剂在系统内流动，完成制冷循环。

压缩机的种类很多，电冰箱主要使用的是活塞式压缩机，空调器主要使用的是旋转式压缩机。

(1)结构特征：活塞式压缩机一般用在电冰箱中。连接压缩机的管道有三根，分别是高压排气管、低压进气管、工艺管，另外还有一个连接压缩机的电源接盒，如图 2.3 所示。高压排气管和低压进气管两者的区别是，高压排气管的管径要比低压进气管的管径小些。

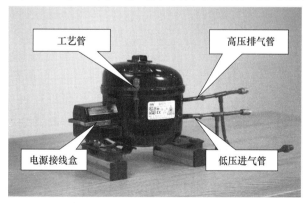

图 2.3 活塞式压缩机结构

(2)作用。压缩机是制冷设备的"心脏",电动机为其提供原动力,将电能转换为机械能,驱动制冷剂在制冷系统中循环。

想一想: 为什么活塞式压缩机的高压排气管管径要比低压进气管管径小些?

2)热交换器

热交换器是利用液态制冷剂气化时吸热、蒸汽冷凝时放热的原理制成的,是制冷设备中不可缺少的部分,主要包括冷凝器和蒸发器。制冷剂在电冰箱外的冷凝器中放热液化,在电冰箱内的蒸发器中吸热气化。空调器在制冷状态下,室外热交换器(冷凝器)放热液化,室内热交换器(蒸发器)吸热气化;空调器在制热状态下,室内热交换器(冷凝器)放热液化,室外热交换器(蒸发器)吸热气化。

热交换器的种类比较多,下面主要介绍电冰箱冷凝器、蒸发器及室内/室外热交换器。

(1)电冰箱冷凝器。

①结构特征:属于钢丝式冷凝器,在蛇形复合管的两侧由点焊直径为1.6mm的碳素钢丝构成,如图2.4所示。

②作用:把由压缩机送出来的高温、高压的制冷剂气体通过与外界空气进行热交换放出热量,冷凝液化成常温、高压气体。

(2)电冰箱蒸发器。

①结构特征:铝复合板式蒸发器是利用铝锌铝三层复合金属冷轧板吹胀加工而成,并利用自然对流方式使空气循环,如图2.5所示。

②作用:常温、低压的制冷剂液体和气体在蒸发器中体积膨胀气化(主要是蒸发)吸热。

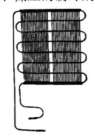 

图2.4 电冰箱冷凝器　　图2.5 电冰箱蒸发器

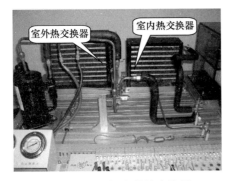

图2.6 室内/室外热交换器

(3)空调器室内/室外热交换器。

①结构特征:室内/室外热交换器结构相同,在9～10mm直径的U形铜管上,按一定片距套装有一定数量的片厚为0.2mm的铝质翅片,经过机械胀管和用U形弯头焊接上相邻的U形管后,就构成了一排排带肋片的管内为制冷剂通道、管外为空气通道的热交换器。室内热交换器既可作为冷凝器,也可作为蒸发器;相应的,室外热交换器也是如此,如图2.6所示。

②作用：制冷剂在热交换器里进行吸热或放热，达到制冷或制热的目的。

想一想： 同是热交换器，电冰箱冷凝器和蒸发器能互换位置吗？

3）毛细管

毛细管的作用是节流降压，功能是保持蒸发器与冷凝器之间的压力差，保证蒸发器降压到规定的低压力（规定的温度）下，制冷剂蒸发吸热，使冷凝器中的气态制冷剂在适当的高压（高温）下散热冷凝。毛细管能控制制冷剂的流量，使蒸发器保持合理的温度，保证电冰箱安全、经济运行。由于价格低廉，工艺简单，容易生产，因此在小型制冷设备中被广泛使用。图 2.7 所示为常见的两种毛细管。

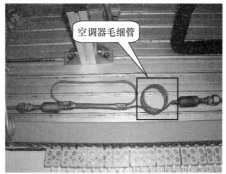

图 2.7　毛细管

（1）结构特征：在电冰箱制冷系统中，毛细管是长度为 2～4m，内径为 0.15～1mm，外径为 2～3mm 的紫铜管。毛细管通常被加工成螺旋形，以增大液体流动时的阻力而产生压力降。

（2）毛细管的故障特征。

①冰堵：由于制冷剂中有水分，当温度降低时，毛细管出口处会发生冻结，影响制冷剂的循环，使电冰箱制冷能力下降，甚至不制冷。故障表现为电冰箱周期性地出现制冷与不制冷现象。

②脏堵：制冷剂和润滑油中的异物堵塞毛细管。故障表现为蒸发器不结霜，冷凝器不发热，压缩机运转不停而电冰箱制冷效率差或不制冷。部分堵塞时，干燥过滤器温度明显下降，蒸发器有时会出现结霜现象；完全堵塞时，蒸发器内无制冷剂流动声音且无霜。

③断裂：由于毛细管细而长且绕多圈置于压缩机旁，在安装搬运和运转过程中，受到弯折和震动易造成断裂。

想一想： 更换毛细管时，长度和直径能够随意更换吗？

4）干燥过滤器

干燥过滤器主要用于滤除制冷系统中残留的杂质及水分，防止制冷系统因金属屑或氧化物堵塞毛细管而造成冰堵或脏堵故障，电冰箱干燥过滤器如图 2.8 所示。

（1）结构特征：由直径为 14～16mm、长度为 100～180mm 的粗铜管制成，内面装有分子筛和过滤网。干燥过滤器必须安装在毛细管的进口端。制冷剂不同，干燥过滤器也不同。

图 2.8　电冰箱干燥过滤器

（2）作用：吸附制冷剂中的水分，过滤制冷循环系统中的杂质。

想一想：使用 R12 和 R600a 制冷剂的干燥过滤器的结构是否一样？

5）电磁四通阀

电磁四通阀（图 2.9）的作用是在制热时改变制冷剂的流向，实现制热与制冷的转换。电磁四通阀主要用在热泵式空调器中，是冷、暖型空调器制冷系统中非常重要的换热器件。

（1）结构特征：电磁四通阀由电磁阀和四通阀两部分构成。四通阀向外有四根管道，分别接冷凝器、蒸发器、压缩机低压进气管和压缩机高压排气管。

（2）判断电磁阀线圈通断的方法：在断电情况下用万用表 $R\times100\Omega$ 挡检测电磁阀线圈的电阻值，该电阻值随其型号不同而不同，一般在 $700\sim1\,400\Omega$ 之间，若测得电阻值为 0Ω，说明线圈短路；若测得电阻值为无穷大，则说明线圈断路。

想一想：电磁四通阀四根管道能够随意调换接法吗？

图 2.9　电磁四通阀

2　检测活塞式压缩机内部电动机的质量

根据工作任务，首先认识压缩机内部电动机的三端，然后再用万用表分别测量三端绕组的电阻值，判断压缩机电气系统是否正常。

图 2.10　压缩机的三端

1）压缩机的三端（图 2.10）

压缩机的机壳上有三个接线端子（或接线柱），分别为公共端（C）、起动端（S）和运行端（M），制冷设备电路系统和压缩机的连接就是通过这三个接线端连接，必须会准确判断三者的位置关系，才能正确连接制冷设备电路系统。

提示

用万用表的 $R\times1\Omega$ 挡分别测量每两个接线端之间的电阻值，可得到三个不同的值。如果三个值满足下列条件：

$$R_{SM}=R_{CS}+R_{CM},\quad R_{SM}>R_{CS}>R_{CM}$$

就可以判断出压缩机内部电动机的三端。

2）测量电阻值，判断压缩机的三端

（1）使用电阻检测法判断压缩机三端的操作步骤如图 2.11(a)～(h)所示。

①将万用表旋至 $R\times1\Omega$ 挡，然后调零。

②万用表表笔分别放在压缩机接线柱的其中两端。

③实际测得第一组接线端电阻值为 22Ω。

④再用万用表表笔分别放在压缩机接线柱的另外两端。

⑤实际测得第二组接线端电阻值为32Ω。

⑥最后用万用表表笔分别放在压缩机接线柱的下边两端。

⑦实际测得第三组接线端电阻值为54Ω。

结论： R_{SM} 为54Ω，R_{CS} 为32Ω，R_{CM} 为22Ω，正好是两组电阻值之和等于第三组电阻值，说明压缩机内部电动机的绕阻无故障。电阻值最大的一端为M，电阻值最小的一端为C，剩下的是S。

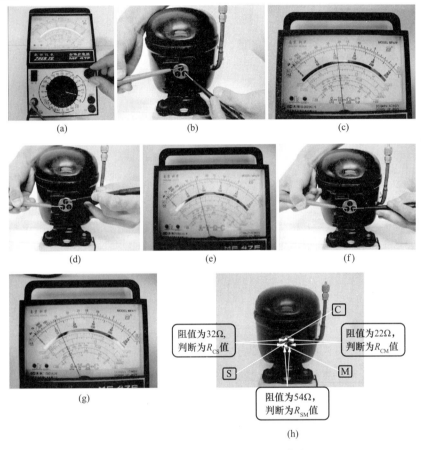

图2.11　判断三端的电阻检测法操作步骤

（2）漏电电阻值的检测方法。绕组的电阻值检测正常后，应该再测量接线端与压缩机外壳的绝缘电阻值，任一接线端与机壳之间的电阻值若为0Ω，则表明电动机绕阻与机壳短路（两者之间的电阻值应大于2MΩ）。漏电电阻值的检测方法如图2.12(a)～(e)所示。

①将万用表旋至 $R \times 10\text{k}\Omega$ 挡，然后调零。

②将一支表笔接到压缩机C端，另一支表笔接到压缩机机壳裸露处进行测量。

③将一支表笔接到压缩机M端，另一支表笔接到压缩机机壳裸露处进行测量。

④将一支表笔接到压缩机S端，另一支表笔接到压缩机机壳裸露处进行测量。

⑤用万用表测三端和机壳之间的电阻值均应大于 $2M\Omega$。

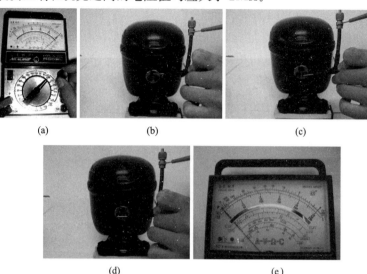

(a)   (b)   (c)

(d)   (e)

图 2.12　漏电电阻值的检测方法

提 示

(1)万用表的挡位要选对，一般用 $R\times1\Omega$ 或 $R\times10\Omega$ 挡进行压缩机电阻值检测。

(2)空调器压缩机与电冰箱压缩机的检测方法相同。

(3)压缩机除了进行电动机绕组检测外还应该进行空转测试，即检查压缩机的吸气和排气功能。

做一做

每个小组同学用万用表检测工位上的压缩机(共 5 组)，先判断出压缩机内部电动机三端，再判断电动机是否出现故障，最后检测漏电电阻值。

3　操作评价

用 $R\times1\Omega$ 挡检测 5 组压缩机的参数并做好记录，根据记录参数画出线圈接线图、判定压缩机漏电电阻器的好坏，并将做好的各绕组阻值记录在表 2.1 中。

表 2.1　用 $R\times1\Omega$ 挡检测记录表

序号	接线图	配分/分	电动绕组参数			配分/分	漏电电阻值			配分/分	自评/分	互评/分	教师评价/分	平均成绩/分
			1—2	1—3	2—3		C	S	M					
1		10	$R_{SM}=(\ )+(\ )$			5	好坏			5				
2		10	$R_{SM}=(\ )+(\ )$			5	好坏			5				

续表

序号	接线图	配分/分	电动绕组参数			配分/分	漏电电阻值			配分/分	自评/分	互评/分	教师评价/分	平均成绩/分
			1—2	1—3	2—3		C	S	M					
3		10	$R_{SM}=($　$)+($　$)$			5	好坏			5				
4		10	$R_{SM}=($　$)+($　$)$			5	好坏			5				
5		10	$R_{SM}=($　$)+($　$)$			5	好坏			5				
安全文明操作														
额定时间														
开始时间			结束时间				实际时间				成绩			
综合评价意见(教师)														
评价教师				日期										
自评学生				互评学生										

理论知识：压缩机和热交换器

1 压缩机的种类

制冷设备所用的压缩机种类较多，常见的有活塞式、旋转式、涡旋式三类。

1)活塞式压缩机

电冰箱常用活塞式压缩机，它与电动机同轴，一起装在密封壳内，所以又称全封闭式压缩机。活塞式压缩机是通过曲柄连杆(或称曲柄滑块)将电动机的旋转运动转换为活塞的往复直线运动，靠活塞在气缸中的运动改变气体的容积来完成气体的压缩与输送过程，活塞式压缩机的外观如图2.13(a)所示。

2)旋转式压缩机

旋转式压缩机主要用于空调器上有旋片式和定片式两种。旋片式压缩机是在旋转活塞体上装有2～4片可滑动的刮片，并随着旋转过程压缩气体。定片式压缩机是将刮片装在汽缸体上，刮刀刃面刮挤旋转的活塞外圆。旋转式压缩机的外观如图2.13(b)所示，其主要特点如下。

(1)结构简单、效率高、噪声小。

(2)易损零件少，运行可靠。

(3)没有吸气阀片，余隙容积小，输气系数较高。

(4)在相同的冷量情况下，压缩机体积小、重量轻、运转平衡。

(5)加工精度要求较高。

(6)密封线较长，密封性能较差，泄漏损失较大。

3)涡旋式压缩机

涡旋式压缩机是一种可压缩容积的压缩机，压缩部件由动涡旋盘和静涡旋盘组成。涡旋式压缩机的外观如图 2.13(c)所示。

   (a) 活塞式压缩机   (b) 旋转式压缩机   (c) 涡旋式压缩机

图 2.13 3 种压缩机的外观

涡旋式压缩机主要特点如下。

(1)相邻两室的压差小，气体的泄漏量少。

(2)转矩变化幅度小、振动小。

(3)没有余隙容积，故不存在引起输气系数下降的膨胀过程。

(4)无吸气阀和排气阀，效率高、可靠性高、噪声低。

(5)由于采用气体支承机构，故允许带液压缩。

(6)机壳内腔为排气室，减少了吸气预热，提高了压缩机的输气系数。

(7)涡线体形线加工精度非常高，必须采用专用的精密加工设备。

(8)密封要求高，密封机构复杂。

提 示

维修压缩机的安全注意事项如下。

(1)禁止用氧气吹系统：氧气无色、无味、无毒，不燃烧，自身无爆炸性，但与其他可燃或易爆气体混合会助燃或爆炸；特别是与油脂类物质能产生剧烈化学反应造成瞬间爆炸。由于压缩机内有润滑油，因此，要绝对禁止用氧气吹系统，应将氧气钢瓶远离压缩机维修现场，避免造成压缩机爆炸，甚至系统同时爆炸的严重后果。

(2)为防止事故发生，确保人身、财产安全，特提出如下要求。

①试机前要有两个确保：

• 确保空调高/低压阀全部打开。

• 确保系统无漏点。

②更换压缩机必须在专业场所进行，禁止在用户家中进行；禁止在办公区域和有人群的地方进行。

③更换压缩机后必须用真空泵抽真空，保压正常后才能充入制冷剂。

④禁止用压缩机自身排空，更不允许使用压缩机抽真空。

⑤禁止短接任何与压缩机有关的保护器，如系统低压保护、高压保护、排气温度保护、

过载保护和电流相序保护等。

⑥禁止更换非原型号的外置保护器。维修结束后，一定要恢复原来的接线方式，严禁改动线路。

2 热交换器的种类

热交换器的种类很多，根据它的用途可以分为冷凝器和蒸发器。冷凝器放热，蒸发器吸热。根据需要，冷凝器可以转化为蒸发器。

1)冷凝器的种类

(1)水冷式冷凝器：水冷式冷凝器是利用水将热能带走，从而达到冷却的目的。它的特点是传热效率高，结构比较紧凑，适用于大、中型制冷设备。

(2)空冷式冷凝器：空冷式冷凝器主要是利用空气自然对流来进行散热，安装、使用方便，特别适合小型制冷设备。

(3)蒸发式和淋激式冷凝器：蒸发式和淋激式冷凝器是利用水在管外蒸发时吸热而使管内制冷剂蒸汽冷凝的一种热交换器。这种冷凝器主要用于缺水地区，安装并不多见。

制冷、制热中设备常见的几种冷凝器介绍如下。

①百叶窗式冷凝器：一般用直径为5mm左右、壁厚为0.75mm的铜管或复合管弯曲成蛇形管，机卡或电焊在厚度为0.5mm、冲有700~1 200个孔的百叶窗形状的散热片上，靠空气的自然对流散热形成冷凝条件，如图2.14所示。

②钢丝式冷凝器：它由在蛇形复合管的两侧点焊直径为1.6mm的碳素钢丝构成，每面用70根钢丝，两面共用140根钢丝。钢丝式冷凝器的散热面积大、热效率高、工艺简单、成本低廉，被普遍应用在电冰箱上，如图2.15所示。

图2.14 百叶窗式冷凝器

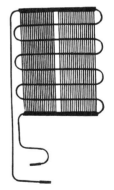

图2.15 钢丝式冷凝器

③内嵌式冷凝器：内嵌式冷凝器是将冷凝器盘管安装在箱体外皮内侧与绝热材料之间，利用箱体外皮散热来达到管内制冷剂冷凝的目的。现在家用电冰箱已广泛使用，如图2.16所示。内嵌式冷凝器的优点是可以保证冷凝器有合理的尺寸；对外壳加热，可以防止结露；工艺简单，成本低；外观整洁。缺点是散热性能不如百叶窗式冷凝器和钢丝式冷凝器，维修不方便。

④翅片式冷凝器：这种冷凝器通常用在空调器上，采用空气强迫对流的方法来进行散热。它的结构是在 9～10mm 直径的 U 形铜管上，按一定片距套装一定数量的片厚为 0.2mm 的铝质翅片，经机械胀管和用 U 形弯头焊接上相邻的 U 形管口后就构成了一排排带肋片的冷凝器，如图 2.17 所示。翅片形状常有波纹形翅片、波纹条孔形翅片、平面形翅片和平面条孔翅片，其中波纹条孔形翅片散热效果最好。

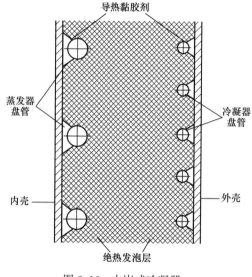

图 2.16　内嵌式冷凝器

图 2.17　翅片式冷凝器

⑤套管式冷凝器(图 2.18)：制冷剂的蒸汽从冷凝器上方进入内外管之间的空腔，在内管外表面上冷凝，液体在外管底部依次下流，从冷凝器下端流入贮液器中。冷却水从冷凝器的下端进入，依次经过各排内管后从上端流出，与制冷剂呈逆流方式。套管式冷凝器的优点是结构简单，便于制造，并且因是单管冷凝，介质流动方向相反，故传热效果好；缺点是金属消耗量大，而且当纵向管数较多时，下部的管子充有较多的液体，使传热面积不能充分利用，紧凑性差，清洗困难，并需要大量连接弯头。因此，套管式冷凝器在氨制冷装置中已很少应用。

2)蒸发器种类

蒸发器的种类很多，这里主要介绍常见的三类蒸发器。

(1)液体冷却式：冷却液体或液体载冷剂的蒸发器，称为液体冷却器。其中既有制冷剂在管内蒸发，也有制冷剂在管外蒸发。液体载冷剂可在泵的作用下进行开或闭循环。

(2)空气冷却式：空气冷却的蒸发器，通常制冷剂在管内流动并蒸发，空气在管外自然循环、对流或空气强迫循环流动并被冷却。

(3)固体冷却式：冷却固体接触式蒸发器，是随着冷冻工艺的发展而出现的一种新类型。

以下介绍电冰箱及空调器常用的蒸发器。

①铝复合板式蒸发器(图 2.19)：铝复合板式蒸发器由铝锌铝三层复合金属冷轧板吹胀

加工而成。它利用自然对流方式使空气循环,特点是传热效率高、降温快、结构紧凑、成本低,主要用在直冷式单门或双门电冰箱上。

图 2.18　套管式冷凝器

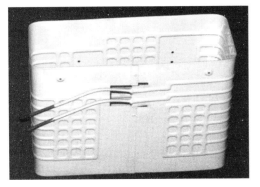

图 2.19　铝复合板式蒸发器

②管板式蒸发器(图 2.20):管板式蒸发器是用紫铜管或铝管盘绕在黄铜板或铝板围成的矩形框上焊制或黏接而成的。优点是结构牢固可靠,设备简单,规格变化容易,使用寿命长,不需要高压吹胀设备等;缺点是传热性差。管板式蒸发器主要用在直冷双门电冰箱的冷冻室。

图 2.20　管板式蒸发器

③单背翼片管式蒸发器(图 2.21):单背翼片管式蒸发器是由蛇形盘管和行高 15～20cm、经弯曲成形的翼片组成。多用在小型冷库和直冷式双门冰箱的冷藏室上,优点是结构简单,除霜方便,一般不用维修;缺点是自然对流使空气流速慢,传热性能较差。

④翅片盘管式蒸发器(图 2.22):翅片盘管式蒸发器主要由蒸发管和铝制翅片组成,与翅片式冷凝器一样大多数作为空调中的换热器使用。翅片盘管式蒸发器的特点是散热效率高、体积小、寿命长。

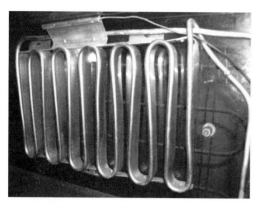

图 2.21　单背翼片管式蒸发器

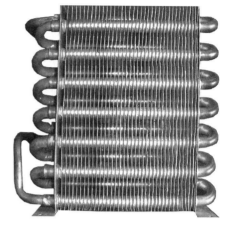

图 2.22　翅片盘管式蒸发器

3　干燥过滤器

图 2.23 所示是干燥过滤器结构图。干燥过滤器的外壳是用紫铜管收口成型，两端进出接口有同径和异径两种，进端为粗金属网，出端为细金属网，可以有效地过滤杂质。内部装有吸湿特性优良的分子筛作为干燥剂，以吸收制冷剂中的水分，确保毛细管畅通和制冷系统正常工作。当干燥剂因吸收水分过多而失效时，应该及时进行更换。常见的干燥过滤器如图 2.24 所示。

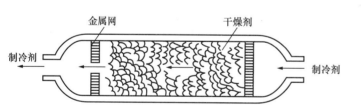

图 2.23　干燥过滤器结构图

图 2.24　常见的干燥过滤器

干燥过滤器吸收水分太多时容易出现冰堵和脏堵现象，不能继续使用，需要进行再生活化处理。冰堵故障表现为制冷剂流动声音微弱，温度明显低于环境温度，甚至出现结霜现象，但经过一段时间后又会正常制冷，制冷一段时间后又出现上述故障。干燥过滤器的脏堵是由于机械磨损产生杂质、制冷系统在装配时未清除干净或制冷剂、冷冻油中有杂质而产生的故障，故障特征与毛细管出现脏堵时基本一致。

4　热力膨胀阀

热力膨胀阀如图 2.25 所示，主要分为内平衡热力膨胀阀和外平衡热力膨胀阀两种，结构分别如图 2.26 和图 2.27 所示。

热力膨胀阀的作用如下。

1）节流作用

高温、高压的液态制冷剂经过膨胀阀的节流孔节流后，成为低温、低压雾状的液压制冷剂，为制冷剂的蒸发创造条件。

2）控制制冷剂的流量

液态制冷剂经过蒸发器后，由液态蒸发为气态，吸收热量，温度降低。膨胀阀控制制冷剂的流量，保证蒸发器的出口完全为气态制冷剂，若流量过大，出口含有的液态制冷剂可能进入压缩机并对其产生液击；若流量过小，制冷剂提前蒸发完毕，会造成制冷不足。

图 2.25 热力膨胀阀

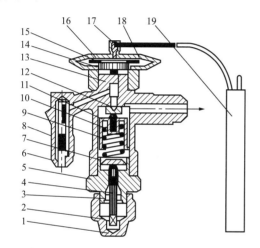

1—密封盖；2—调节杆；3—垫料螺帽；4—密封填料；
5—调节座；6—喇叭接头；7—调节垫块；8—过滤网；
9—弹簧；10—阀针座；11—阀针；12—阀孔；
13—阀体；14—顶杆；15—垫；16—动力；
17—毛细管；18—传动膜片；19—感温包。

图 2.26 内平衡热力膨胀阀结构图

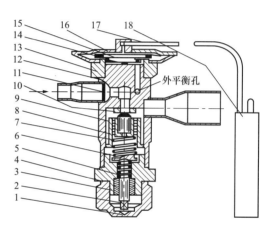

1—密封盖；2—调节杆；3—垫料螺帽；4—密封填料；
5—调节座；6—调节垫块；7—弹簧；8—阀针座；
9—阀针；10—阀孔座；11—过滤网；12—阀体；
13—动力室；14—顶杆；15—垫块；16—传动膜片；
17—毛细管；18—感温包。

图 2.27 外平衡热力膨胀阀结构图

热力膨胀阀常见故障如下。

（1）热力膨胀阀感温系统内充注的感温液体泄漏。当感温液体泄漏后，作用在膜片上面的力将减小，从而导致热力膨胀阀不能打开。

（2）热力膨胀阀传动杆过短或弯曲。当传动杆过短或弯曲时，膜片上的力不能传递到阀针座上，阀针始终处于向上的趋势，膨胀阀升启不足或不能打开。

（3）热力膨胀阀关不小。这主要是传动杆在检修时，延伸太长，使阀针无法关小；调节弹簧的预紧力不足，阀针孔关不小；由于感温包离蒸发器出口太远，或者未与进气管一道隔热而受外界高温干扰的影响。

（4）热力膨胀阀进口端的小过滤器堵塞，即产生脏堵现象。

(5)油堵。压缩机在运行时，若选用的压缩机油的品种规格、数量与要求不相符，或油质较差，当蒸发温度低于一定温度时，油中的蜡成分将分离出来，阻塞热力膨胀阀的过滤网或阀针孔。

5　电子膨胀阀

电子膨胀阀的外形如图 2.28 所示，其结构如图 2.29 所示。

图 2.28　电子膨胀阀的外形

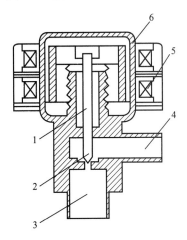

1—阀杆；2—针阀；3—出口；
4—入口；5—线圈；6—转子

图 2.29　电子膨胀阀的结构

电子膨胀阀是制冷系统中节流阀的一种，主要优点是通过精确控制制冷剂流量，能够精确控制蒸发温度。通常在控温精度要求比较高的地方使用。电子膨胀阀可以在−70℃以下正常工作，但热力膨胀阀最低只能达到−60℃。

电子膨胀阀由微型计算机控制，通过温度传感器检测出蒸发器内制冷剂的状态来控制膨胀阀的开度，直接改变蒸发器中制冷剂的流量。

温度传感器安装在蒸发器的入口，将检测出来的蒸发器内制冷剂的状态信息传送给微型计算机，微型计算机根据温度设定值与室温的差值进行比较和积分计算后，控制脉冲式电动机。微型计算机发出正向指令信号序列给各绕组加上驱动电压，使电动机旋转；当微型计算机指令信号序列相反时，电动机反转。指令信号(脉冲信号)可以控制电动机正、反向自由转动，传动机构则带动阀针上、下移动，使阀门开度发生变化，从而实现调节制冷剂流量的目的。

需要特别注意的是，电子膨胀阀损坏后，会使制冷系统的供液量失控，造成制冷(热)效果差的故障。更换时不能采用普通膨胀阀代替，必须更换同型号电子膨胀阀，才能保证空调机的制冷(制热)性能。

6　闸阀元件

闸阀元件常见的有电磁四通阀、双向电磁阀、单向阀、截止阀四种，它们在制冷、制热系统中应用非常广泛。

1)电磁四通阀

(1)电磁四通阀的外形如图 2.9 所示,内部结构如图 2.30 所示。电磁四通阀主要用在热泵型空调器中,它利用电磁阀的作用改变制冷剂的流向,从而达到制冷或制热的目的。电磁四通阀由电磁阀和四通阀两部分组成。

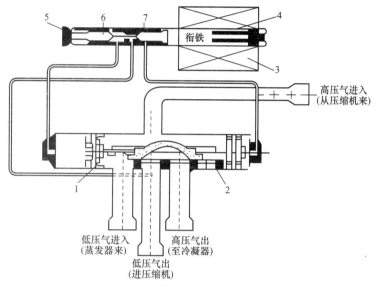

1、2—活塞;3—电磁线圈;4、5—弹簧;6、7—阀芯。

图 2.30　电磁四通阀内部结构

(2)电磁四通阀的工作过程。电磁四通阀包括制冷工作过程和制热工作过程,制冷工作过程如图 2.31 所示,制热工作过程如图 2.32 所示。

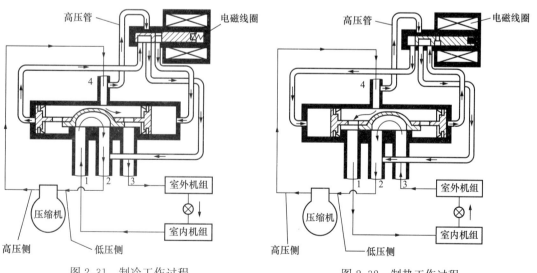

图 2.31　制冷工作过程　　　　　　　　图 2.32　制热工作过程

制冷工作过程：当空调器制冷时，制冷剂从压缩机的高压管出来后，由电磁四通阀的4号管进入，由于电磁四通阀没有得电，制冷剂从3号管出来到室外机组进行放热降温，再经过节流装置进行节流降压后来到室内机组，进行吸热，最后从四通阀的1号管进去2号管出来，回到压缩机，完成一次制冷循环。

制热工作过程：当空调器制热时，制冷剂从压缩机的高压管出来后，由电磁四通阀的4号管进入，由于电磁阀得电，四通阀工作，制冷剂从1号管出来到室内机组进行放热，再经过节流装置进行节流降压后来到室外机组，进行汽化，最后从四通阀的3号管进去，从2号管出来，回到压缩机，完成一次制热循环。

2）双向电磁阀

双向电磁阀的外形如图2.33所示。

双向电磁阀在制冷系统中主要作为执行制冷剂在制冷系统中"通"或"断"的自控阀。可以控制制冷剂的流量及流向。

图2.33　双向电磁阀

3）单向阀

单向阀的外形如图2.34所示。

单向阀又称止回阀，在制冷系统中的主要作用是只允许制冷剂向某一个方向流动，而不会倒流。单向阀主要用在分体热泵型空调器中，用来控制冷热在不同状态下制冷剂的流向。

4）截止阀

截止阀外形如图2.35所示。

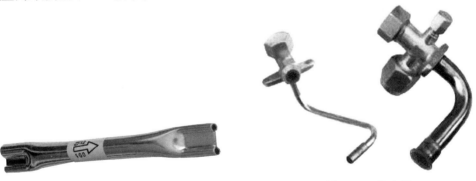

图2.34　单向阀　　　　　　　　　　　图2.35　截止阀

截止阀通常用在分体空调器室外机中，用于连接室内机的气管和液管。截止阀是一种管路关闭阀，用手动方式控制阀芯，可以打开或关闭制冷管道。截止阀也是空调器室内外机连接维修制冷系统的重要器件之一，按结构可分为两通截止阀和三通截止阀。

任务小测

1. 填空题（每题 10 分，共 50 分）

    (1) 全封闭压缩机的种类有_____、_____、_____。

    (2) 常见空冷式冷凝器的种类有_____、_____、_____、_____、_____。

    (3) 常见蒸发器种类有_____、_____、_____、_____。

    (4) 压缩机电动机绕组分为_____和_____。

    (5) 电磁四通阀的作用是_____。

2. 判断题（每题 10 分，共 50 分）

    (1) 制冷设备在进行毛细管更换时，长度和直径能够随意更换。（　　）

    (2) 所有电冰箱的干燥过滤器都是一样的，维修时可以进行互换。（　　）

    (3) 内嵌式冷凝器是把电冰箱的冷凝器镶嵌在电冰箱外壳内侧上。（　　）

    (4) 电磁四通阀在安装时没有特别要求，四根管可以互换。（　　）

    (5) 截止阀主要用于空调器室外机。（　　）

任务 2.2　组装制冷系统

任务目标：

(1) 会在工作台设计电冰箱和空调器制冷系统管道。

(2) 会安装电冰箱和空调器制冷系统常用部件及管道。

任务分析：

本任务要求先完成电冰箱制冷系统的组装，再完成空调器制冷系统的组装，从而熟悉电冰箱和空调器制冷系统的结构。完成本任务需要准备现代制冷与空调系统技能实训装置及相应工具，计划用时 180min。组装制冷系统的作业流程图如图 2.36 所示。

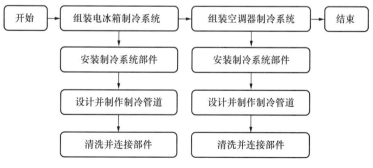

图 2.36　组装制冷系统的作业流程图

在任务 2.1 中，介绍了电冰箱和空调器制冷系统常见部件，怎样才能把它们连接起来构成一个制冷循环系统呢？图 2.37 所示为已经组装好的典型电冰箱及空调器的制冷系统模型。

图 2.37　典型电冰箱及空调器的制冷系统

实践操作：电冰箱和空调器制冷系统常用部件及管道的安装

1　组装电冰箱制冷系统

通过组装电冰箱制冷系统，加深对电冰箱制冷系统组成结构的了解，熟悉制冷系统中各部件的作用，为今后实际生产、维修电冰箱打下坚实的基础。根据工作任务要求，在操作平台上将电冰箱组装起来。全过程分为安装制冷系统部件、设计并制作制冷管道、部件吹污、连接部件四个步骤。

1）安装制冷系统部件
在操作平台上完成电冰箱智能模式制冷系统各部件的安装，操作步骤如下。

1 　　安装电冰箱压力表：先将螺母放进操作平台右边往上数第一格和第三格卡槽内；测量压力表右边到操作平台的距离为 2.5cm；用内六角螺钉旋具将压力表固定在实训平台上。

2 	安装接线的端子排：将螺母放入操作平台的左边往上数第一格和第二格；将接线端子排放在操作平台上，测量端子排和压力表之间的距离为1.5cm。用内六角螺钉旋具将其固定。
3 	安装电冰箱的蒸发器：首先安装蒸发器底座的螺母，将螺母插入从上至下第三排和第九排中；把内六角螺钉拧好，安装接水盘的底座(注意排水管方向，不要安装反)；从实训平台右边开始测量，距离应为14cm；把安装接水盘的螺母放进去；把蒸发器的接水盘放上去并用内六角螺钉旋具固定；蒸发器放进接水盘中，将内六角螺钉拧紧。
4 	安装手阀：将手阀用螺钉旋具紧固在操作平台指定的位置上(注意手阀方向，看箭头)。
5 	安装压缩机：准备好固定压缩机的螺母。分别把两个螺母安装到操作平台上，从工作台的右下方往上数第七格和第九格；安装好压缩机的底座后把固定压缩机的四个小螺母放进去；把压缩机放上去，并用对应的螺母固定内六角螺钉(尺寸按压缩机排气管与冷凝口入口间的距离确定)。
6 	安装二位三通电磁阀：将二位三通电磁阀固定在操作平台上，固定的位置在右下方往上数第十格，桌面右边至螺母的距离是16cm，并将两根毛细管与蒸发器连接好。
7 	安装线槽：把右边工位的线槽安装好，安装冷凝器时需要从线槽中穿过。

安装冷凝器：把电冰箱的冷凝器安装到操作平台的右侧方，在侧面分别有四个固定的柱子，用内六角螺钉固定好。

提示

(1)在组装制冷系统部件时注意安装的位置和间距要准确。

(2)每个部件必须安装牢固。

(3)需要用内六角螺钉旋具的不能用一字螺钉旋具代替。

(4)安装过程中不要损坏部件。

2)设计并制作制冷管道

在已完成制冷系统各部件安装的平台上设计并制作制冷管道。

(1)设计并制作视液镜到冷凝器管道。从视液镜到冷凝器的管道弯曲较多，具体操作步骤如下。

用卷尺(或者直尺)测量从视液镜到线槽的有效数据。测量时卷尺(或者直尺)应与线槽成90°，所测得的数据才准确。测量结果是12cm，做好标记。然后量取通过90°弯曲后的弧长并做好标记

将卷尺(或者直尺)平行于线槽后测量出有效数据，约为44cm。测量的终点应与冷凝器的接头处在同一直线上。

测量90°转角后穿过线槽的尺寸，其距离大约是9cm。

最后测量通过线槽倒角后到冷凝器上的距离，为8.5cm。

|
 | 根据以上尺寸和实际的安装平台做出连接铜管，需要将管口两侧做成喇叭口，并套上钠子。 |

(2)设计并制作从蒸发器的出口到压缩机的进气管道。从蒸发器的出口到压缩机的进气管道弯曲较多，具体操作步骤如下。

	先测量进气管道到蒸发器的距离，大约是6.5cm。
	蒸发器的管道长度是16cm。
 	接上图，倒角长度为9cm。
	图中这段距离是8cm。
 	连接蒸发器的距离是7.5cm。
 	用弯管器将6mm铜管按设计好的管道图样弯曲后套上钠子，并做好喇叭口。

3）部件吹污

部件吹污是指将部件中的污垢和水分用氮气清除干净。具体操作步骤如下。

准备好氮气瓶，将减压阀安装到氮气瓶阀门处。调节氮气瓶上的减压阀，将氮气压力调至0.4MPa。

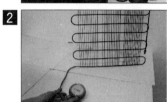

清洗冷凝器，用公英制转换接头将压力表与冷凝器连接，然后打开压力表，用大拇指按住另一端。当氮气冲进冷凝器，大拇指按不住时突然放开，利用瞬间的高压使冷凝器中的杂质随氮气冲出，这样反复三次，完成对冷凝器的吹污。

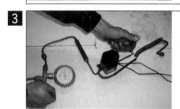

用同样的方法对二位三通电磁阀进行吹污。不同的是，当二位三通电磁阀没有得电时，氮气应该从冷藏室那根管吹出来；而当二位三通电磁阀得电时，氮气应该从冷冻室那根管吹出来。

对蒸发器吹污的方法及过程和对冷凝器的相同，可以分别对冷藏室和冷冻室进行吹污。

4）连接部件

用已经做好的铜管将制冷部件连成一个封闭的制冷循环系统，连接的先后顺序与制冷剂流向一致。具体操作步骤如下。

将压缩机高压管与冷凝器入口端连接，先用手固定再用扳手将钠子拧紧。

将已经做好的铜管安装在冷凝器和视液镜之间。先用手固定再用扳手将钠子拧紧。

连接干燥过滤器、二位三通电磁阀和毛细管三个部件；先将视液镜出口端连接到干燥过滤器的入口端，然后将二位三通电磁阀支路的毛细管出口端与闸阀连接，通过闸阀与冷冻室的蒸发器入口相连接；接着将主路毛细管的出口端连接到冷藏室蒸发器的入口端。

将已经做好的铜管一端连接在蒸发器出口端，另一端连接在压缩机进气管，先用手固定，再用扳手将钠子拧紧。

将高低压压力表与制冷系统中的高低压处用连接气管连接。用手固定拧紧，能够随时观察制冷系统内的高低压压力。

提 示

(1)在组装制冷系统部件时注意各部件安装的位置和距离；使用弯管器时要注意计算铜管的长度，否则极容易浪费铜管；做喇叭口时，注意不要出现裂口，否则会造成制冷剂泄漏。

(2)在用扳手将钠子拧紧时，不能拧得过紧，否则喇叭口会破裂；也不能拧得过松，否则会造成制冷剂泄漏。

想一想：连接时各个制冷系统部件不做喇叭口行不行？

2 组装空调器制冷系统

根据工作任务要求，在操作平台上组装空调器制冷系统，分为安装制冷系统部件、设计并制作制冷系统管道、部件吹污、连接部件四个步骤。

1)安装制冷系统部件

在操作平台上完成制冷系统各部件的安装，操作步骤如下。

安装室内热交换器，测量接水盘底座的距离，然后将其固定。

2		将室外热交换器放进接水盘中，用内六角螺钉固定。
3		室内外热交换器安装后，需要把两个用于连接室内外热交换器的截止阀安装到操作台面上。
4		安装电磁四通阀，安装时从操作平台的右方第八排固定，并和低压截止阀相连接。
5		安装压缩机时，须先把压缩机的底座固定在工作台上。内六角螺钉安装到工作台左下方往上数第六排和第十排，然后把压缩机用内六角螺钉固定在底座上。
6	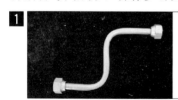	安装空调器的高低压压力表，内六角螺钉安装在工作台左下方往上数第一排和第二排，将压力表固定。

2）设计并制作制冷系统管道

在已完成制冷系统各部件安装的平台上设计并制作制冷系统管道，根据工作台的实际大小，需要设计 5 根管道。设计方法与电冰箱的设计方法相同，即分段测量出数据，然后将铜管弯曲成形，操作步骤如下。

1		制作电磁四通阀到室外热交换器上边进气管的连接铜管。用卷尺测量从电磁四通阀到室外热交换器上边进气管之间的距离，设计管道图样，用弯管器将直径为 9.5mm 的铜管制作完成，套上钠子，做好喇叭口。
2		制作室外热交换器到视液镜之间的连接铜管。用卷尺测量室外热交换器到视液镜之间的距离，设计管道图样，用弯管器将直径为 6mm 的铜管制作完成，套上钠子，做好喇叭口。

3	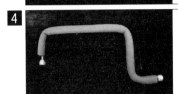	制作视液镜到单向阀之间的连接铜管。用卷尺测量从视液镜到单向阀之间的距离设计管道图样，用弯管器将6mm铜管制作完成，套上钠子，做好喇叭口。
4		制作高压截止阀到室内热交换器之间的连接铜管，用卷尺测量高压截止阀到室内热交换器下边进气管之间的距离，设计好管道图样，用弯管器将直径为6mm的铜管制作完成，先套上保温管，再套上钠子，做好喇叭口。
5		制作室内热交换器到低压截止阀之间的连接铜管。用卷尺测量距离，设计管道图样，用弯管器将直径为9.5mm的铜管制作完成，先套上保温管，再套上钠子，做好喇叭口。

3)部件吹污

部件吹污即用氮气对空调器中的几个部件进行清洁处理，操作步骤如下。

1		准备好氮气瓶，将减压阀安装到氮气瓶阀门处。调节氮气瓶上的减压阀，将氮气压力调至0.4MPa。
2		毛细管吹污。用公英制转换接头将压力表和毛细管及干燥过滤器部件一端连接起来，然后打开压力表，用大拇指按住另一端。当氮气冲进干燥过滤器中大拇指按不住时突然放开大拇指，利用瞬间的高压使冷凝器中的杂质随氮气冲出。这样反复三次，完成对毛细管组件的吹污。
3		室外热交换器吹污与毛细管吹污方法相同。
4		室内热交换器吹污，吹污方法及过程和室外热交换器吹污相同，但要分别对冷藏室和冷冻室进行吹污。

4）连接部件

用已经做好的铜管将部件连成一个封闭的制冷循环系统，连接的先后顺序与制冷剂流向一致。具体操作步骤如下。

1 连接压缩机到电磁四通阀的进气端。这段制冷管道一端是压缩机排气管，另一端是电磁四通阀的进气管。连接方法为先用手固定，再用扳手将钠子拧紧。

2 用制作好的管道将电磁四通阀的出口端与室外热交换器的入口端连接。连接方法为先用手固定，再用扳手将钠子拧紧。

3 用制作好的管道将室外热交换器的出口端与视液镜连接。连接方法为先用手固定，再用扳手将钠子拧紧。

4 用制作好的管道将视液镜的另一端与干燥过滤器（制冷）、单向阀、毛细管、干燥过滤器（制热）的组件单向阀端连接。连接方法为先用手固定，再用扳手将钠子拧紧。

5 将干燥过滤器（制冷）、单向阀、毛细管、干燥过滤器（制热）的组件与截止阀（液阀）连接。连接方法为先用手固定，再用扳手将钠子拧紧。

6 用制作好的管道将截止阀（液阀）与室内热交换器入口端连接。连接方法为先用手固定，再用扳手将钠子拧紧。

7 用制作好的管道将室内热交换器出口端与另一个截止阀(气阀)连接。连接方法为先用手固定,再用扳手将钠子拧紧。

8 将截止阀(气阀)与电磁四通阀连接。连接方法为先用手固定,再用扳手将钠子拧紧。

9 用制作好的管道将电磁四通阀的出气端与压缩机进气管端连接。连接方法为先用手固定,再用扳手将钠子拧紧。

10 用高低压软管分别将压缩机高压端和低压端连接到空调器的高低压压力表上,目的是能够随时观察制冷系统内的高低压压力。

提 示

(1)在组装制冷系统部件时要注意安装的位置和距离;使用弯管器时要注意计算铜管的长度,否则极容易浪费铜管;做喇叭口时,注意不要出现裂口,否则会造成制冷剂泄漏。

(2)在用扳手拧紧钠子时,用力不能太大,否则喇叭口会破裂。

(3)电磁四通阀管道连接制冷系统部件的位置不能错位。

想一想:连接各制冷系统部件时,单向阀方向能不能随意改?

做一做

每两人为一组,组装电冰箱和空调器的制冷系统,并进行评价。

3 操作评价

根据电冰箱及空调器组装的情况,对照表2.2中的要求进行评价。

表 2.2　电冰箱制冷系统组装情况评价表

序号	项目	配分/分	评价内容	配分/分	铜管加工质量	自评/分	互评/分	教师评价/分	平均成绩/分
1	部件的组装与管道的设计	25	1. 按电冰箱各部件位置安装正确，得16分 2. 管道设计正确，得9分						
2	部件的吹污和管道的连接	25	1. 正确操作吹污部件，得6分 2. 管道设计正确，得9分 3. 安装与连接过程中没有损坏零部件，得7分						
3	铜管加工质量	50	1. 喇叭口端面平整、圆滑、锥度为60°左右，得10分 2. 喇叭口圆锥面没有破口，得10分 3. 喇叭口圆锥体没有明显的倾斜，得10分 4. 杯形口端面平整、圆滑，得15分 5. 杯形口圆柱面没有破口，得10分						
	安全文明操作		违反安全文明操作(视其情况进行扣分)						
	额定时间		每超过5min扣5分						
	开始时间		结束时间		实际时间		成绩		
	综合评价意见(教师)								
	互评人			日期					
	自评人			日期					

理论知识：制冷原理和制冷系统

1　热力学知识

1)制冷技术中常用的名词术语

(1)温度和温标。表示物体冷热程度的物理量是温度。温标是温度的数值表示法，常用的有热力学温标(用 T 表示，单位为 K)和摄氏温标(用 t 表示，单位为摄氏为℃)。用温度计可以测量物体温度的高低。温度计有液体温度计、铂电阻温度计、热电偶温度计等。

(2)压力。在热力学中，垂直作用在单位面积上的力称为压力或者压强，也称气体的绝对压力，用符号 P 表示，单位为帕斯卡，简称帕(Pa)。在制冷工程中常用兆帕(MPa)为单位。

制冷工程单位上常用的还有千克力/厘米^2(kgf/cm^2)和巴(bar)、标准大气压(atm)、毫米汞柱(mmHg)等。压力单位换算如下：

$$1MPa=10^6 Pa$$
$$1MPa=10^3 kPa$$
$$1MPa=10.2kgf/cm^2$$
$$1MPa=10bar$$
$$1MPa=9.869atm$$
$$1MPa=7\ 500.616mmHg$$

在工程上常用测压仪表测量系统中工质的压力，压力计指示的压力称为工作压力或者表压力。绝对压力(P)、表压力(P_e)和环境大气压力(P_{amb})之间的关系如下。

表压力(P_e)为正压时：　　　　　　　$P=P_{amb}+P_e$

表压力(P_e)为负压时：　　　　　　　$P=P_{amb}-P_e$

在工程上常将大气压力标准化，温度为0℃时的标准大气压为$1.013\ 25\times10^5 Pa$。

在工程上常用表压力，但是在制冷工程的计算中必须用绝对压力。

(3)真空度。真空状态下气体的稀薄程度称为真空度。真空度也可理解为：如果液体中某点处的绝对压力小于大气压，这时在这个点上的绝对压力比大气压力小的数值称为真空度，即$P_e=P_{amb}-P$。在制冷设备维修中常用U形管真空计和压力真空表来测量真空度。

(4)制冷量。制冷机在单位时间内从被冷却物中转移的热量称为制冷量。

2)物质的状态

物质是具有质量和占有空间的物体，可以固态、液态和气态三种状态中的任何一态存在于自然界中，随着外部条件的不同，三态之间可以相互转化。例如，把固态的冰加热变成液态的水，水再加热变成水蒸气。相反，将水蒸气冷却后可变成水，继续冷却可结成冰。这样的状态变化对制冷技术有着特殊意义。可利用制冷剂在蒸发器中汽化吸热，而在冷凝器中冷凝放热，通过制冷机对制冷剂气体的压缩，以及之后在冷凝器和蒸发器中的汽化，实现热量从低温空间向外部高温环境的转移，实现制冷的目的。

3)热力学第一定律

热力学第一定律是能量守恒和转换定律，是在具有热现象的能量转换中的应用。热力学第一定律指出：自然界一切物质都具有能量，它能够从一种形式转换为另一种形式，从一个物体传递给另一个物体，在转换和传递过程中总的能量保持不变。在制冷循环中，制冷剂要与外界发生热量交换、功热转换，在交换与转换过程中应遵循热力学第一定律。

在人工制冷过程中，由于消耗了外界一定的能量(机械能或热能)作为补偿，就能完成将热量从低温物体(被冷却介质)传向高温物体(环境介质)的过程，从而实现制冷的目的。

4)热力学第二定律

热力学第二定律说明热能转换为功的条件和方向。在自然界中，热量总是从高温物体转移到低温物体，而不能从低温物体自发传递到高温物体。要想使低温物体的热量转移到高温物体中，必须消耗外界功。电冰箱和空调器的制冷就是利用热力学第二定律，消耗一定的外界功(电能)，使能量从低温热源(蒸发器周围的物质)转移到高温热源(冷凝器周围)。

2 制冷原理

1）制冷系统的组成

制冷的途径分为两种。一种是天然制冷，即依靠天然冷源，如冬季的冰雪、深水井、地窖等，不过这种方法随着地理条件的限制而在现代生活中使用越来越少。替代这种途径的是另一种制冷方式——人工制冷。人工制冷主要借助制冷装置，消耗一定的外界能量，迫使热量从温度相对较低的被冷却物体转移到温度相对较高的周围介质，从而使被冷却物体温度降低到所需的温度并保持。人工制冷的方法有很多，有相变制冷、气体膨胀制冷、热电制冷等。在小型制冷设备中常用气体膨胀制冷。下面将以单级蒸汽压缩式制冷系统为例介绍制冷系统的组成及工作原理。

单级蒸汽压缩式制冷系统由压缩机、冷凝器、节流装置（膨胀阀）和蒸发器四部分组成。它们之间用管道进行连接，形成一个封闭的制冷系统。该系统中制冷工质每完成一个循环只经过一次压缩，故称为单级压缩制冷循环。制冷工质在制冷系统内相继经过压缩、冷凝、节流、蒸发四个过程而完成制冷循环。

压缩机：核心部件，为系统提供动力，提高气体工质的温度和压力。

冷凝器：由专用管道组成，主要作用是对外放热，使工质液化。

膨胀阀：有机械膨胀阀、电子膨胀阀、毛细管等几种类型。常用的是毛细管，主要作用是节流降压（降低制冷剂的压力，限制流速）。

蒸发器：由专用管道组成，主要作用是对内吸热，使工质汽化。

单级蒸汽压缩式制冷系统工作原理图如图 2.38 所示。

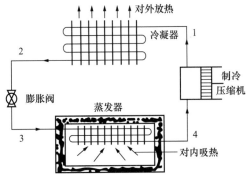

1—高温、高压的气体；2—中温、高压的液体；3—低温、低压的液体；4—低温、低压的气体。

图 2.38 单级蒸汽压缩式制冷系统工作原理图

2）制冷系统的工作原理

制冷设备通电运行以后，压缩机吸入来自蒸发器的低温、低压气体，通过做功把它变成高温、高压气体，这部分气体传送给冷凝器对外放热，变成中温、高压的液体后传送给膨胀阀进行节流降压，变成低温、低压的液体，再传送给蒸发器对内吸热以后重新变成低温、低压的气体并被传回压缩机，从而完成一次制冷循环。由于系统中制冷剂每完成一次循环只经过了一次压缩，故这种系统称为单级压缩制冷循环系统。这种系统目前广泛应用于民用和家用的电冰箱和空调器中。

3 热泵型分体式空调系统

热泵型分体式空调系统主要由压缩机、压力表、电磁四通阀、室外换热器、视液镜、干燥过滤器、毛细管节流组件、空调阀、室内换热器、气液分离器等部件组成，如图 2.39 所示。

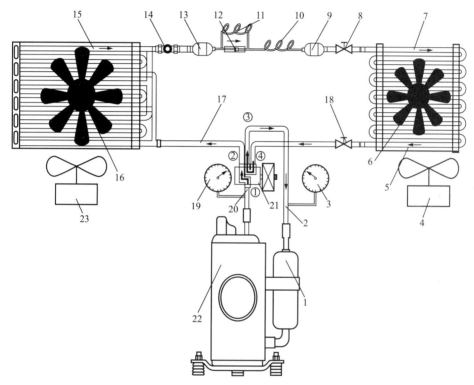

1—压缩机气液分离器；2—压缩机回气口；3—低压侧压力真空表；4—室内换热器风机；
5—室内换热器出气口；6—室内换热器；7—室内换热器进气口；8、18—空调阀；
9、13—干燥过滤器；10、11—毛细管；12—单向阀；14—视液镜；15—室外换热器出气口；
16—室外换热器；17—室外换热器进气口；19—高压侧压力真空表；
20—高压排气管；21—电磁四通阀；22—压缩机；23—室外换热器风机。

图 2.39 热泵型分体式空调系统(制冷工程)

热泵型分体式空调系统工作过程如下。

1)空调器在制冷工况

空调器在制冷工况时，低温、低压气态的 R22 制冷剂，经压缩机气液分离器进入压缩机，通过压缩机的压缩变为高温、高压的制冷剂气体，经高压排气管，进入电磁四通阀(电磁四通阀没有得电)的①端经②端流出，经过室外换热器进入气管，流入室外换热器，经风机强制冷却，制冷剂变成高压、常温的液体从室外换热器的出口流出，通过视液镜、干燥过滤器、毛细管节流组件，制冷剂变成了低压、常温的液体流入室内换热器，吸收了房间内的热量后，制冷剂立刻变成了低压、低温的气体从室内换热器流出，经空调阀，进入电磁四通阀的④端并经③端流出，回到压缩机气液分离器，再进行下一次循环。如此反复循环，完成室内制冷的目的。

2)空调器在制热工况

空调器在制热工况时，低温、低压气态的 R22 制冷剂，经压缩机气液分离器进入压缩机，通过压缩机的压缩变为高温、高压的制冷剂气体，经高压排气管，进入电磁四通阀（电磁四通阀得电）的①端并经④端流出，经空调阀进入室内换热器，经风机强制冷却，热量带入房间，制冷剂变成高压、常温的液体从室内换热器的出口流出，经空调阀、干燥过滤器、毛细管节流组件（这时的单向阀反向不导通）、视液镜，制冷剂变成了低压、常温的液体流入室外换热器，吸收了室外的热量后，制冷剂立刻变成了低压、低温的气体从室外换热器流出，进入电磁四通阀的②端并经①端流出，回到压缩机，再进行下一次循环。如此反复循环，完成室内制热的目的。

热泵型制冷与制热需要的部件是相同的，它通过电磁四通阀改变制冷剂在制冷系统中的流向来实现制冷与制热的交换。

任务小测

1. 填空题（每题 10 分，共 50 分）

(1)制冷系统部件的吹污是将部件中的_____用_____将它们清除干净。

(2)在安装制冷系统部件时需要用_____，不能用一字螺钉旋具代替。

(3)用扳手将钠子拧紧时，用力_____，否则喇叭口会破裂。

(4)在工程上常用测压仪表测量系统中工质的压力，压力表指示的压力称为_____压力。

(5)热力学第二定律指出，消耗一定的外界功（电能），使能量从_____热源（蒸发器周围的物质）转移到_____热源（冷凝器冷却周围）。

2. 判断题（每题 10 分，共 50 分）

(1)电磁四通阀管道没有位置的区分。 （   ）

(2)换热器没有室内和室外的区分。 （   ）

(3)制冷剂在经过毛细管后会节流降压。 （   ）

(4)在压缩机中的制冷剂已经是液体。 （   ）

(5)在冷凝器中的制冷剂已经是气体。 （   ）

任务 2.3　吹污、试压、检漏

任务目标：

(1)能完成制冷系统的吹污。

(2)能够对制冷系统进行试压。

（3）会对制冷系统进行检漏。

任务分析：

本任务首先用氮气对制冷系统进行吹污，然后在制冷系统组装完毕或维修完毕的情况下对制冷系统进行试压、检漏，从而学会对制冷系统进行吹污、试压和检漏的操作方法。任务实施前需要准备氮气、压力表、洗洁剂和常用工具。完成这项任务预计需要45min。吹污、试压、检漏的作业流程图如图2.40所示。

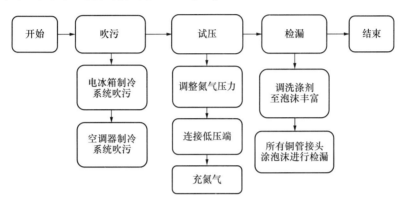

图2.40 吹污、试压、检漏的作业流程图

电冰箱、空调器在生产、安装和维修后，制冷系统内部不一定清洁，密闭性能不一定达到要求。为了保证产品质量，需要对制冷系统进行管道的吹污、对封闭的制冷系统进行密闭性试压和对各个连接点进行检漏等技术处理。

实践操作：制冷系统的吹污、试压和检漏

1 制冷系统的吹污

制冷系统的吹污就是用压缩空气或氮气（也可以用制冷剂）对制冷系统的外部或内部的水分和污物进行吹除，保证系统清洁、通畅、没有水分。下面介绍用氮气进行吹污的方法。

前文介绍了用氮气对电冰箱和空调器中的部件进行吹污的方法。将制冷系统连接起来后，还不能保证系统内部完全清洁。如果制冷系统中有水分，就会产生冰堵故障；如果制冷系统中有脏物，就会产生脏堵。因此必须对制冷系统进行干燥和清洁处理，即进行必要的吹污。吹污一般分段进行，先吹高压系统，再吹低压系统。排污口一般选在各段的最低位置。检测吹污是否彻底，可在排污口处挂一块白色纱布，如果排出的气体在白纱布上没有留下痕迹，则说明系统内部已经干净，可以停止吹污；否则需要继续吹污。

图2.41 氮气瓶

1）认识氮气瓶和氮气

氮气瓶的结构与氧气瓶的结构相同，有减压阀和压力阀等部件，如图2.41所示。

　　氮气是一种比较清洁且干燥无水分的气体，无污染，不易燃烧。存放运输都比较安全，所以空调器在出厂时，为防止带水分的空气进入制冷系统，造成制冷设备出故障，都会将内机先充入氮气，这样既能够保证制冷系统干燥、清洁，又能进行加压检漏。氮气是制冷设备维修中不可缺少的一种气体。

　　想一想： 能不能用氧气对制冷系统吹污、试压、检漏？

　　2）用氮气对电冰箱制冷系统进行吹污

　　用氮气对电冰箱制冷系统进行吹污，正确的步骤和方法如下。

将氮气瓶准备好，并且将减压阀安装在氮气瓶阀门处。调整氮气瓶上的减压阀，将氮气压力调至 0.4MPa。

将氮气瓶上的高压气管连接到压力表进气端，然后用高压气管将压力表出气端与压缩机的低压管相连接，打开压力表阀门，让氮气对整个系统进行吹污。

　　3）用氮气对空调器制冷系统进行吹污

　　对空调器制冷系统的吹污方法和电冰箱制冷系统基本相同，具体操作步骤如下。

将氮气瓶准备好，并且将减压阀安装在氮气瓶阀门处。调整氮气瓶上的减压阀，将氮气压力调至 0.6MPa。

将氮气瓶上的高压气管连接到压力表进气端，然后用高压气管将压力表出气端与空调器的截止阀（气管）相连接，打开压力表阀门，让氮气对整个系统进行吹污。

提示

　　(1)吹污的压力不能太高，否则很容易损坏制冷系统。

　　(2)制冷设备外部的吹污可以用空气，不必浪费氮气。

　　(3)在排污口可以挂一张白纱布，以检查吹污的情况。

　　(4)为保证制冷系统干燥，在对制冷系统进行吹污以后必须更换干燥的过滤器。

想一想：对二位三通电磁阀，能不能从毛细管端进行吹污？为什么？

■ 2 用氮气对制冷系统试压

制冷系统要求必须为密闭系统，如果未密闭，制冷系统内的工质就会泄漏，使制冷效果变差，甚至不制冷。试压就是压力试漏（也称打压试验），它的目的是确定制冷系统有无泄漏。如果有泄漏，则空气中的水分和灰尘将进入制冷系统而造成冰堵和脏堵。对电冰箱和空调器制冷系统都要进行试压。

（1）对电冰箱制冷系统进行试压，操作步骤如下。

将氮气瓶准备好，将减压阀安装到氮气瓶阀门处。调整氮气瓶上的减压阀，将氮气压力调至 0.7~0.8MPa。

将连接软管一端接到压缩机的工艺管上（即低压端），另一端接到检修阀上并拧紧，打开检修阀阀门，使氮气充入制冷系统中。

当低压表的指针读数为 0.8MPa 时迅速关闭检修阀阀门，记录压力的读数。若 24h 后压力表的读数基本不变，说明制冷系统密闭性能好，试压成功。

（2）对空调器进行试压，操作步骤如下。

将氮气瓶准备好，将减压阀安装到氮气瓶阀门处。调整氮气瓶上的减压阀，将氮气压力调至 1.2MPa。

将连接软管一端接到空调器截止阀上（气阀），另一端接到检修阀上并拧紧，打开检修阀阀门，使氮气充入制冷系统中。

当低压表的指针读数为1.2MPa时迅速关闭检修阀阀门，记录压力表的读数。若24h后压力表的读数基本不变，说明制冷系统密闭性能好，试压成功。

提示

(1)充气试压时一定要通过减压阀调节后再充入制冷系统，因为装满氮气的钢瓶压力很高，达15MPa左右，直接充入制冷系统会损坏制冷系统部件。

(2)试压一定不能用氧气进行，否则将引发不必要的危险。

3 制冷系统的检漏

如果试压不成功，说明制冷系统有泄漏处。下面介绍如何使用洗洁剂对制冷系统进行检漏，操作步骤如下。

将肥皂水或洗洁剂放入容器中，加入一定的水。将水与洗洁剂混合并搅拌至泡沫丰富。

用毛刷(也可用海绵)将泡沫涂抹在电冰箱(空调器)所有管口的接口处，仔细观察接口处是否有气泡冒出。

如果发现管口接口处有气泡不断冒出或变大，则说明该处存在泄漏，需用扳手拧紧或放掉氮气后用气焊对泄漏点进行补焊。

想一想：如果在检漏时没有肥皂水，可以用洗衣粉替代吗？为什么？

提示

(1)当氮气注入制冷系统后需要对各个接头处进行检漏，如发现有气泡渗出，应做适当的处理。

(2)如检漏无泄漏后就应该对制冷系统进行保压，保压时间通常为24h以上。

(3)如果保压24h以后压力下降，则还需再次用肥皂水进行检漏，直至找出泄漏点。

做一做

两人一组对已经连接好的制冷系统进行吹污、试压、检漏。

4 操作评价

对制冷系统吹污、试压、检漏的操作情况，根据表2.3中的要求进行评价。

表2.3 制冷系统吹污、试压、检漏的情况评价表

序号	项目	配分/分	评价内容	自评/分	互评/分	教师评价/分	平均成绩/分
1	制冷系统吹污	20	1. 电冰箱变压气管连接正确，得5分 2. 空调器变压气管连接正确，得5分 3. 电冰箱吹污时氮气压力调至0.4MPa，得5分 4. 空调器吹污时氮气压力调至0.6MPa，得5分				
2	制冷系统试压	60	1. 电冰箱变压气管连接正确，得5分 2. 空调器变压气管连接正确，得5分 3. 电冰箱试压时氮气压力调至0.8MPa，得5分 4. 电冰箱保压24h无泄漏，得20分 5. 空调器试压时氮气压力调至1.2MPa，得5分 6. 空调器保压24h无泄漏，得20分				
	制冷系统检漏	20	1. 将洗洁剂或肥皂水调至泡沫丰富后对电冰箱各管口进行检漏，每少检查一个接口扣2分，扣完为止，共10分 2. 将洗洁剂或肥皂水调至泡沫丰富后对空调器各管口进行检漏，每少检查一个接口扣2分，扣完为止，共10分				
	安全文明操作		违反安全文明操作(视其情况进行扣分)				
	额定时间		每超过5min扣5分				
	开始时间		结束时间　　　　实际时间　　　　成绩				
	综合评价意见(教师)						
	评价教师		日期				
	自评学生		互评学生				

理论知识：检漏的方法及压力表、直通阀的使用方法

1 检漏的方法

常见的检漏方法有四种，前文介绍了用洗洁剂(或者肥皂水)的检漏方法，下面介绍另外三种常见的检漏方法。

1）直观法

直观法是采用目测的方式检查裸露在外的管路各焊口处、管路弯曲部分和容易被碰到的地方是否有裂纹、折弯及油污。对看不清楚是否有油污的地方，可用白纸帮助识别，如图 2.42 所示，如果白纸上有油污，表明此处有泄漏。因为 R12 和 R22 的制冷剂与冷冻油可相互溶解，渗透性极强，所以只要制冷系统有微漏的地方就会有油渍。这种直观法只能检查外露的制冷管道。

2）卤素检漏灯检漏

卤素检漏灯（图 2.43）的价格便宜，但准确性差，容易受周围气体的影响。操作方法是将调节手轮紧固，然后将灯头倒置，旋下座盘后将纯度为 99.5% 的无水酒精倒入燃料筒内，旋紧底座盘直立放于平坦处，右旋调节手轮，关紧阀芯，然后向烧杯中注入酒精，将其点燃以加热灯体和喷嘴。此时燃料筒内酒精受热气化，从吸风罩内灯头的小孔喷出燃烧。调节手轮控制燃烧程度，然后使吸气软管沿被测管道慢慢移动。如有泄漏，则火焰呈绿色或紫色；如无泄漏，则火焰呈淡蓝色。

图 2.42　用白纸检漏

图 2.43　卤素检漏灯

3）电子检漏仪检漏

使用电子检漏仪（图 2.44）时，将探头沿被测管路缓慢移动，探头距被测管路的距离应在 3～5mm 之间，探头移动速度应在 50mm/s 左右。如有泄漏，仪器指示灯会加快闪烁，并伴有刺耳的蜂鸣声报警。由于该仪器灵敏度高，检漏时室内通风要好。

2　压力真空表、直通阀的认识和使用

1）压力真空表的认识及使用

压力真空表如图 2.45 所示。

（1）作用：用于检测制冷设备中的压力状况。

（2）识读方法：表盘的刻度压力数值，单位是 MPa（兆帕），当压力从 0 刻度按顺时针方向走到 0.4 刻度处，即为 0.4MPa；当压力从 0 刻度按逆时针方向走到－0.1 刻度处，即为－0.1MPa。

图 2.44　电子检漏仪

图 2.45　压力真空表

2)直通阀的认识及使用

直通阀又称三通阀,如图 2.46 所示。

接压力真空表

手柄

接压缩机

接制冷剂钢瓶或真空泵

图 2.46　直通阀

(1)作用:直通阀是制冷维修中最常用、最简单的修理阀,常在对制冷设备试压、抽真空及充注制冷剂时使用。

(2)使用方法:直通阀共有三个连接口,与阀门开关平行的连接口多与设备的维修管相接。与阀门开关垂直的两个连接口,一个常固定装上压力真空表;另外一个在抽真空时接真空泵的抽气口,充注制冷剂时则连接钢瓶。

任务小测

1. 填空题(每题 10 分,共 50 分)

(1)在制冷系统维修中氮气的作用是＿＿＿＿＿＿＿＿＿＿＿＿。

(2)对电冰箱制冷系统吹污时,氮气的压力应调至＿＿＿＿＿＿。

(3)对制冷系统进行试压时,电冰箱的试压压力是＿＿＿＿＿,空调器的试压压力是＿＿＿＿＿。

(4)在小型制冷系统中常用的检漏方法有_____、_____、_____、_____。

(5)我国法定的压力单位是_____。

2. 判断题(每题 10 分，共 50 分)

(1)制冷系统在无氮气的情况下可以用氧气进行吹污。 （　　）

(2)对制冷系统进行吹污时，压力越大越好，容易把污物吹干净。 （　　）

(3)制冷系统进行试压时，保压时间越长而且不产生泄漏则越好。 （　　）

(4)检漏时没有肥皂水就用洗衣粉替代。 （　　）

(5)用直观法对制冷系统进行检漏时，若发现管道接口处有油渍，则说明该处可能有
泄漏。 （　　）

任务 2.4　检测电气控制电路部件

任务目标：

(1) 能识别电冰箱、空调器电气控制电路中的部件。

(2) 会判断电冰箱、空调器电气控制电路常用部件的好坏。

任务分析：

本任务主要认识并检测典型制冷与空调系统中的电气控制部件。通过对电气部件的检
测，掌握各个部件的标准参数，从而正确判断部件的好坏。完成这项任务预计需要 90min，
其作业流程图如图 2.47 所示。

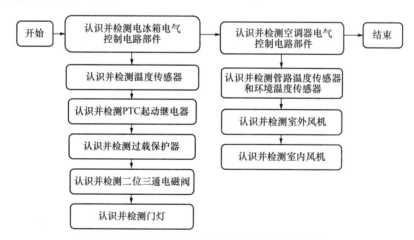

图 2.47　检测电气控制电路部件的作业流程图

安全规范：

(1)通电前，制冷设备的接地线应完好。修理时若需将接地线拆开，在修理完毕通电前
必须重新将其连接完好，并检查导线的绝缘塑料外层是否老化、碳化，若有应立即更换；
接线头的金属部分不应裸露在外，若有应重接，否则不准通电。

(2)使用钳形表测量制冷设备的运行电流时(属带电测量)，应在专业人员的许可和监督
下进行。测量的步骤要正确，注意身体不要触及制冷设备的带电部分。

（3）用万用表测量制冷设备的电路系统时，应拔下电源插头。严禁在没有许可和监督下带电测量电路电压。

在把制冷系统连接好以后需要组装电气控制系统才能让电冰箱、空调器正常运行。在对电路进行安装前，首先要对电路中的每个器件进行检测，以确保电路中的每个器件质量能够达到要求。因此要学会检测、判断电气控制电路部件的好坏。

实践操作：电冰箱和空调器电气控制电路部件的识别和检测

1 识别并检测电冰箱电气控制电路部件

1）识别并检测温度传感器

电冰箱冷冻室和冷藏室分别装有温度传感器，包括智能温控传感器和电子温控传感器，如图 2.48 所示。温度传感器实际上是一种热敏电阻器，它的作用是测量冷藏室和冷冻室的温度。

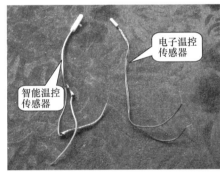

图 2.48　温度传感器的结构和检测方法

（1）智能温控传感器感温探头外部为白色塑胶；电子温控传感器感温探头外部为不锈钢金属。两种探头均分别引出两根导线接到控制电路中。

（2）在环境温度为 30℃时，用万用表 $R×1k$ 挡测量智能温控控制电路所使用的传感器的阻值为 8.2kΩ；用万用表 $R×1k$ 挡测量电子温控控制电路所使用的传感器的阻值为 3.8kΩ。

想一想：怎样区分同一型号的冷冻室、冷藏室的温度传感器？

2）识别并检测 PTC（positive temperature coefficient，正温度系数）起动继电器

PTC 起动继电器的作用是起动压缩机，其结构如图 2.49 所示。

外形特征：PTC 起动继电器有三个接线端。将 PTC 起动继电器的一个接线端与 220V 电源连接，另两个接线端连接压缩机的 S 端和 M 端。

检测方法：在室温条件下用万用表的电阻挡测量 PTC 起动继电器连接压缩机 S、M 端的两个接线端之间阻值为 22Ω±4.4Ω（松下、日立压缩机配用的 PTC 元件阻值为 300Ω，三菱电冰箱配在放置式压缩机上的 PTC 元件的阻值为 1 000Ω）。

3）识别并检测过载保护器

过载保护器安装在压缩机机壳表面，它的作用是保护压缩机，在压缩机电流过大或机壳温度过高时自动切断电源。其结构如图2.50所示。

图2.49　PTC起动继电器的结构和检测方法

图2.50　过载保护器的结构和检测方法

连接方法：过载保护器的内部一接线端与220V电源连接，另一接线端连接到压缩机公共端C端上。过载保护器的内部有一根电热丝和双金属片。

检测方法：用万用表 $R \times 1\Omega$ 挡，测量两个接线端的阻值，在正常情况下应为 1Ω 左右；若阻值为无穷大，则说明电热丝已烧断或双金属片不能复位；若阻值为十几欧姆以上，则说明其触点间严重积炭。

4）识别并检测二位三通电磁阀

二位三通电磁阀安装在干燥过滤器与毛细管之间，它的作用是改变制冷剂的流向、控制蒸发器的工作，既可以让冷藏室和冷冻室同时工作，又可以让冷冻室单独工作而冷藏室不工作，与目前的制冷系统相比，一般具有节能20％的效果。二位三通电磁阀的结构如图2.51所示。

连接方法：电控制电路板和电磁阀组成，其作用是改变制冷剂的流向。

检测方法：用万用表 $R \times 10k\Omega$ 挡对二位三通电磁阀线路的输入端进行正反向检测，检测的结果应一组数据为∞，另一组数据为 $110k\Omega$。

5）识别并检测门灯

门灯安装在冷藏室里边，在打开电冰箱冷藏室门后起到照明作用。冷藏室门灯如图2.52所示。用万用表 $R \times 1\Omega$ 挡检测门灯引线的两端，通则说明灯泡是好的，否则灯泡是坏的。门灯电压应为12V。

图2.51　二位三通电磁阀的结构和检测方法

图2.52　冷藏室门灯

2　识别并检测空调器电气控制电路部件

1)认识并检测管路温度传感器和环境温度传感器

管路温度传感器安装在空调器的室内热交换器的管路表面，用来检测室内热交换器管路的温度；环境温度传感器安装在室内热交换器和室外热交换器之间，作用是检测环境温度。管路温度传感器和环境温度传感器的结构如图 2.53 所示。

结构特征：管路温度传感器呈紫铜色(铜头)，环境温度传感器呈黑色(胶头)，其上引出两根导线。

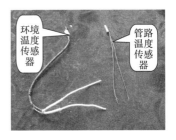

图 2.53　传感器的结构

检测方法：用万用表 $R \times 1\text{k}\Omega$ 挡检测，管路温度传感器阻值为 6.5kΩ 左右；环境温度传感器阻值为 5.2kΩ 左右。

2)识别并检测室外风机

室外风机安装在室外热交换器后边，作用是对室外热交换器进行散热降温，其结构和检测方法如图 2.54 所示。

结构特征：室外风机由电动机、防护罩和叶片组成，电动机分别由三根导线引出，它的起动电容器在挂箱中。

检测方法：用万用表 $R \times 100\Omega$ 挡检测电动机的绕组，其三组数据分别是：630Ω、710Ω、1.3kΩ；根据数据分析得出起动绕组(R_{cs})为 630Ω；运行绕组(R_{cm})为 710Ω；起动运行绕组之和(R_{sm})：1.3kΩ。

3)认识并检测室内风机

室内风机安装在室内热交换器后边，它的作用是排出室内热交换器冷气，从而达到降低室内温度的目的。其结构和检测方法如图 2.55 所示。

图 2.54　室外风机的结构和检测方法

图 2.55　室内风机的结构和检测方法

结构特征：室内风机也由电动机、防护罩和叶片组成，电动机分别由五根导线引出，起动电容器在挂箱中。

检测方法：用万用表 $R \times 100\Omega$ 挡检测室内风机电动机的绕组。引出线为黑、黄、红、白、蓝五种颜色的导线，它们相互之间的阻值，黑黄：$1.9k\Omega$；黑蓝：$1.7k\Omega$；黑白：$1.45k\Omega$，黑红：$1.15k\Omega$；黄蓝：260Ω；黄白：500Ω；黄红：810Ω；蓝白：250Ω；蓝红：550Ω；红白：300Ω。由此可以得出黑色是 M 端、黄色是 S 端、蓝色是 C 端(又是 C1)，白色是 C 端(又是 C2)，红色是 C 端(又是 C3)。

做一做

根据上述方法对电冰箱及空调器电气控制部件进行检测。

3 操作评价

对电冰箱与空调器的电气控制电路部件检测的情况进行评价，填入表 2.4 中。

表 2.4 电气控制电路部件的检测评价表

序号	项目	评价内容	配分/分	评分标准	自评/分	互评/分	教师评价/分	平均成绩/分
1	电冰箱电路控制部件检测	温度传感器的检测	10	1. 万用表量程的选择 2. 测得参数的对错				
		PTC 起动继电器的检测	10					
		过载保护器的检测	10					
		二位三通电磁阀的检测	10					
		照明电路的检测	10					
2	空调器电路控制部件检测	温度传感器的检测	10					
		室外风机的检测	10					
		室内风机的检测	10					
		电磁四通阀的导通检测	10					
		压缩机及过载保护器的导通检测	10					
安全文明操作		违反安全文明操作规程(视实际情况进行扣分)						
额定时间		每超过 5min 扣 5 分						
开始时间			结束时间		实际时间		成绩	
综合评价意见(教师)								
评价教师			日期					
自评学生			互评学生					

理论知识：常见电气控制部件的基本工作原理

1 温度控制器

常见的温度控制器(简称温控器)有机械式温控器和电子式温控器两种，是制冷系统中用来调温、控温的器件，作用是通过调节、设定所需的控制温度，使制冷系统在选定的温差范围内运行。当温度变化时，感温元件接收温度变化的信息，将其转化为开关触点的动作，使制冷压缩机由运转状态变为停止状态，或者由停止状态变为运转状态。温度控制器的工作原理如图2.56所示。

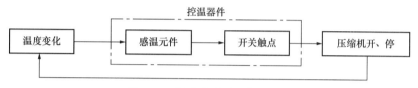

图2.56 温度控制器工作原理图

1)机械式温控器

机械式温控器可分为普通型、半自动化霜型、定温复位型和风门温控型。下面主要介绍普通型机械式温控器。

电冰箱中使用的温控器通常是机械式温控器(图2.57)，它的外部由感温头、毛细管、旋钮开关等组成。

图2.57 机械式温控器结构

(1)工作原理。机械式温控器利用感温囊中感温剂的压力变化来推动触点的通与断，即通过气体或液体的膨胀和收缩来接通或切断电路，从而实现温度控制。

(2)机械式温控器的调试。根据设计需要，温控器的主要技术参数在装配时已预调好，在预调的基础上，旋转温控器的调节旋钮进行进一步的细调，并且可根据温度要求进行自动控制。温度调节旋钮上标有"弱""中""强"或"1""2""3"等数字标记，顺时针转动，箭头所示数字增大，表示温度变低。在"强"挡时，温控器开关呈常闭状态，使压缩机连续运转制冷，不能自动控温。

2）电子式温控器

电子式温控器的传感器采用的是热敏电阻器。热敏电阻器是由半导体材料制成的，其测温范围广、灵敏度高、热惯性小、体积小、价格便宜，其温度特性分为 NTC（negative temperature coefficient，负温度系数）和 PTC 两大类型。常用的温度传感器采用 NTC 型控制。

电子式温控器传感器的检测方法如下。

（1）先把万用表调至 $R \times 1$ 挡，两支表笔相触碰进行调零。

（2）把温控器放入正常运行的电冰箱冷冻室内 10min 左右，然后再迅速用万用表测量温控器两个主触点间的阻值，正常情况下应为无穷大。若阻值为零，则说明是触点发生黏连；

（3）在确认温控器触点没有黏连的情况下，用手握住温控器的感温管，然后再次测量两个主触点之间的阻值。应该看到，当手握住感温管时，两触点间会迅速导通。

2 压力控制器

常见的压力控制器有波纹管式压力控制器和薄壳式压力控制器两种，都是用来保护压缩机的部件，如图 2.58 所示。

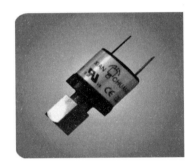

(a) 波纹管式压力控制器   (b) 薄壳式压力控制器

图 2.58 压力控制器

压力控制器又称压力继电器，是一种把压力信号转换为电信号，从而对部件起控制作用的开关器件。压力控制器的结构分为高压控制部分和低压控制部分。高压控制部分通过螺钉接口和压缩机高压排气管连接；低压控制部分通过螺钉接口和压缩机低压进气管连接。当因外界环境温度过高、冷凝器积尘过多、制冷剂混入空气或充入量过多、冷凝器发生故障等而使制冷系统高压压力超过设定值时，高压控制部分能自动切断空调器压缩机的电源，起到保护压缩机的作用；当因制冷剂泄漏、蒸发器堵塞、蒸发器灰尘过多、蒸发器风扇发生故障等而引起压缩机吸气压力过低时，低压控制部分自动切断空调器压缩机电源。

3 起动继电器

常见的起动继电器有重锤式起动继电器和 PTC 起动继电器两种，它们是在压缩机控制电路中控制起动绕组通电和断电的器件。

1)重锤式起动继电器

重锤式起动继电器(图 2.59)由电流线圈、重锤衔铁、弹簧、动触点、静触点、T 形架和绝缘壳体等组成,它的工作原理为:压缩机通电瞬间接通起动绕组,形成旋转磁场带动电动机运行,压缩机正常运行后断开起动绕组。

常见故障:触点间严重积炭,继电器中衔铁吸合与下落时发出"嗒嗒"声;触点发生黏连。

图 2.59　重锤式
起动继电器

2)PTC 起动继电器

PTC 起动继电器的外形特征和内部结构如图 2.60 所示。它的工作原理为:压缩机通电瞬间接通起动绕组,形成旋转磁场带动电动机运行;压缩机正常运行后则断开起动绕组。

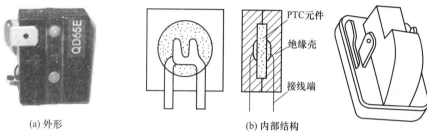

(a) 外形 　　　　　　　　(b) 内部结构

图 2.60　PTC 起动继电器的外形特征和内部结构

常见故障:PTC 起动继电器内进水受潮,器件破碎;弹簧片弹性变差,使其与 PTC 元件接触不良。

PTC 元件为正温度系数热敏电阻器,起动特性是在正常室温下阻值很小,开始施加电压时通过大电流器件发热,温度上升,使阻值急剧增加,当达到临界温度(居里点或临界点)时,阻值会增大数千倍,电路相当于开路。将它串联在电动机起动绕组上,如图 2.61 所示,可以起动电动机转动。

PTC 起动继电器的优点是成本低、结构简单、压缩机的匹配范围广、对电压波动的适应性强,起动时无噪声、无电弧、无磨损,耐振动、耐冲击、不怕受潮生锈,性能可靠、寿命长,可以避免触点不平及触点黏连等,但不能连续起动。

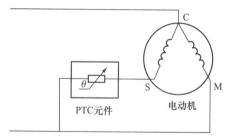

图 2.61　PTC 元件与起动绕组的串联

4　过载保护器

过载保护器是压缩机内电动机的安全保护装置,按功能可分为过电流保护器和过热保护器。常见的过载保护器是以双金属片制成的条形或蝶形保护器和内埋式过载保护器。

1)蝶形双金属片过载保护器

蝶形双金属片过载保护器如图 2.62 所示。

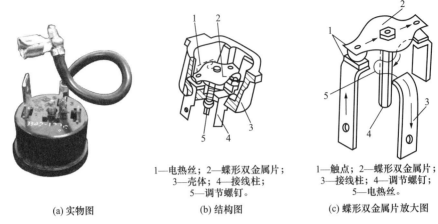

(a) 实物图	(b) 结构图	(c) 蝶形双金属片放大图
	1—电热丝；2—蝶形双金属片； 3—壳体；4—接线柱； 5—调节螺钉。	1—触点；2—蝶形双金属片； 3—接线柱；4—调节螺钉； 5—电热丝。

图 2.62 蝶形双金属片过载保护器

蝶形双金属片过载保护器具有过电流保护及过热保护双重功能，与起动继电器组合在一起。

工作原理：图 2.63 中，当电动机电流过大时，电热丝发热量增大，蝶形双金属片受热变形向上弯曲翻转，动、静触点断开，切断电源，起到对过载电流的保护作用。断电后双金属片温度下降，恢复正常位置，触点闭合，使电源接通。当电流正常，而压缩机运转时间过长时，电动机绕组温度升高，压缩机机壳温度也随之过高，可高达 90 ℃时，蝶形双金属片也同样会受热弯曲变形而切断电源。

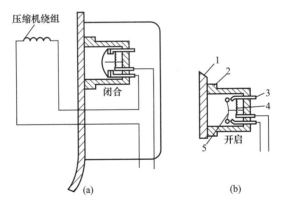

1—压缩机壳；2—壳体；3—接线柱；4—电阻丝；5—双金属片。
图 2.63 过载保护器的工作原理图

当机壳温度下降后，双金属片恢复正常位置，触点闭合，接通电源，压缩机重新起动运行，从而起到对电动机过热的保护作用。所以过载保护器有过电流和过温升两种保护功用。

2)内埋式过载保护器

内埋式过载保护器装在电动机的定子绕阻中，直接感受电动机定子绕阻内的温度变化，其工作原理与前述蝶形双金属片过载保护器基本相同，其结构如图 2.64 所示。

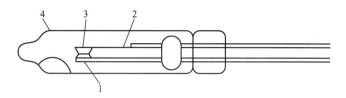

1—固定触点；2—双金属片；3—可动触点；4—铅玻璃套。

图 2.64 内埋式过载保护器

任务小测

1. 填空题(每题 10 分，共 50 分)

(1)温度传感器按温度特性分为_____、_____两大类型。

(2)过载保护器(蝶形双金属片)具有_____及_____双重功能。

(3)电子温控器所使用的传感器在环境温度为 30℃ 时，用万用表 $R\times1k$ 挡测量的阻值为_____。

(4)PTC 起动继电器在室温条件下用万用表测量 S、M 两端之间阻值为_____。

(5)在环境温度为 30℃ 时，用万用表 $R\times1k$ 挡检测管路温度传感器的阻值应在_____左右，环境温度传感器的阻值应在_____ kΩ 左右。

2. 判断题(每题 10 分，共 50 分)

(1)过载保护器安装在压缩机机壳表面。   (   )

(2)温度传感器实际上是一种热敏电阻器，它的作用是控制冷藏室和冷冻室的温度。
                                                                    (   )

(3)安装二位三通电磁阀，电冰箱一般可以节能 50%。   (   )

(4)PTC 起动继电器达到临界温度(居里点或临界点)时，阻值会增大数千倍，电路相当于开路。   (   )

(5)压力控制器主要在压缩机起动时作用。   (   )

任务 2.5 安装电气控制电路

任务目标：

(1)认识端子板接线布局图。

(2)会连接电冰箱电气控制线路。

(3)会连接空调器电气控制线路。

任务目标：

本任务要求先看懂在校实训设备(以 THRHZK-1 为例)端子板上的安装顺序，先安装电冰箱的电气控制电路，再安装空调器的电气控制电路，学习制冷设备电气控制电路的组成和工作原理。完成这项任务预计需要 90min，其作业流程图如图 2.65 所示。

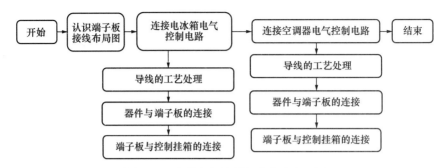

图 2.65　安装电气控制电路作业流程图

电冰箱、空调器的制冷系统安装完成后，仅靠制冷系统电冰箱是不能工作的，还需要连接电气控制电路。

实践操作：电冰箱、空调器电气控制线路的连接

1　认识端子板接线布局图

端子板是连接元器件和控制电路之间的桥梁，要了解元器件与端子板连接形式、控制电路挂箱与端子板连接形式，必须先认识端子板接线布局图，如图 2.66 所示。

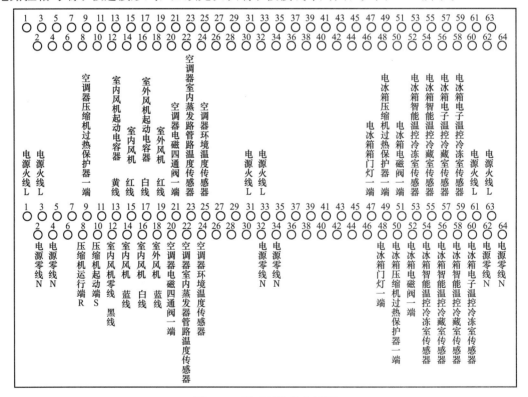

图 2.66　端子板接线布局图

端子板上有 64 个插线孔，分别与挂箱中的控制电路相连接；同时也有 64 个接线端，分别与被控器件相连接，如图 2.67 所示。端子板上的插线孔与接线端在反面一一对应相通（内部用导线连接好的，如图 2.68 所示，如端子板上的 1 号插线孔和 1 号接线端相通）。

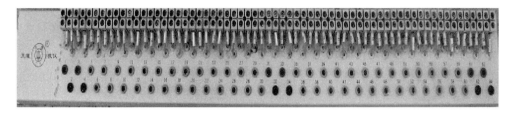

图 2.67 端子板的插线孔（正面）

图 2.68 端子板的接线孔（背面）

2 连接电冰箱电气控制电路

在已安装好制冷系统的电冰箱上，连接电冰箱电气控制电路，完成这一接线任务需要以下三步：处理导线、连接器件与端子板、连接端子板与控制挂箱。具体操作如下。

1）导线的工艺处理

所有的导线在连接前先套入号码管，再进行烫锡处理，以确保导线连接的可靠性。对需要连接到压缩机、过载保护器、PTC 起动继电器等带插片的元器件时，都要在导线上连接插片及绝缘套，如图 2.69 所示。

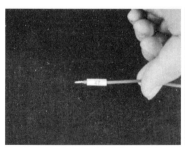
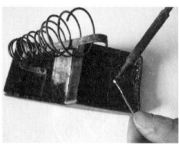
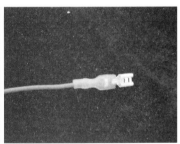

(a) 穿号码管 (b) 烫锡处理 (c) 压接带锁插片及绝缘套

图 2.69 导线处理

（1）将已剥好头的导线套入号码管，使号码以剥线端为起点由内到外读数。

（2）将导线头放入焊锡盘中进行烫锡处理。

（3）将另一端已剥好绝缘层的导线套入号码管，装上绝缘套，然后将线头装入插片内，用压线钳紧固。

2）器件与端子板的连接

本实训所用器件与端子板的连接是将导线线头处理后一端连接元器件的导线，另一端连接端子板的接线端。连接方法分为以下两步。

1 将已处理好的导线与器件相连接，注意使用的号码管应与器件的号码管相同，号码管不同的不能连接在一起。先用手将两根线拧在一起，再用电烙铁焊接。

2 将导线的另一端与端子板的接线端相连接，注意导线管上的号码与端子板上的号码必须相同。先用手将导线线头插入端子板对应的接线端中，再用螺钉旋具将其紧固。

3）智能温控模式下器件与端子板的连接

本设备有智能温控和电子温控两种模式，它们的连接是不同的。其中，智能温控模式下的连接方法具体如下。

（1）并接电源，用已处理好的导线与端子板上的电源端连接，即火线端（L）与1、3、31、33、61、63号线连接在一起，零线端（N）与2、4、32、34、62、64号线连接在一起。

（2）连接冷冻室传感器，用已经处理过的导线将冷冻室引出的两根号码线53、54与端子板上的53、54号接线端相连接。

（3）连接冷藏室传感器，用已经处理过的导线将冷藏室引出的两根号码线55、56与端子板上的55、56号接线端相连接。

（4）用已经处理过的导线将电冰箱门灯引出的两根号码线47、48与端子板上的47、48号接线端相连接。

（5）用已经处理过的导线将电冰箱二位三通电磁阀引出的两根号码线51、52与端子板上的51、52号接线端相连接。

（6）将压缩机、过载保护器和PTC起动继电器等组件引出的两根号码线49、50与端子板上的49、50号线相连接。

4）电子温控模式下器件与端子板的连接

电冰箱电子温控使用的部件、电路与智能温控不一样，因此连接也不相同，按照以下步骤依次连接，电冰箱就可以实现电子温控。

（1）并接电源，用已处理好的导线将端子板上的电源端连接在一起，即火线端（L）与1、3、31、33、61、63号线连接在一起，零线端（N）与2、4、32、34、62、64号线连接在一起。

（2）连接冷冻室传感器，用已经处理过的导线将冷冻室引出的两根号码线 59、60 与端子板上的 59、60 号接线端相连接。

（3）连接冷藏室传感器，用已经处理过的导线将冷藏室引出的两根号码线 57、58 与端子板上的 57、58 号接线端相连接。

（4）连接电冰箱门灯，用已经处理过的导线将门灯引出的两根号码线 47、48 与端子板上的 47、48 号接线端相连接。

（5）将压缩机、过载保护器和 PTC 起动继电器等组件引出的两根号码线 49、50，与端子板上的 49、50 号线相连接。

5）智能温控模式下端子板与控制挂箱的连接

智能温控模式下的 ZK-01 控制挂箱如图 2.70 所示，挂箱上有 1 个液晶显示屏、1 个拨动开关、2 个指示灯和 12 个插孔。本设备是利用自身提供的接插线将端子板与挂箱中的控制电路连接起来，以实现电冰箱的正常运行。具体连接方法如下。

 根据电路要求，将接插线的一端插入相应的端子板号码孔中。

 将接插线的另一端插入控制挂箱与其相对应的孔中，插入时一定要插到底，保证接触良好。

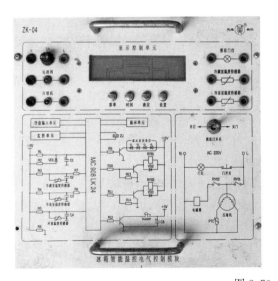
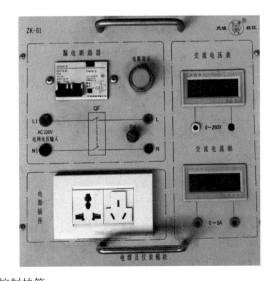

图 2.70　控制挂箱

工艺要求：线头的方向要一致。

根据端子板接线布局图，端子板与控制挂箱的连接顺序如下所述。

(1)给电冰箱挂箱 ZK-04 接入交流 220V 电源电压，方法是先将挂箱 ZK-01 上的 L1、N1 端接入交流 220V 电源，然后通过漏电保护器、电流表连接到端子板的 1、2 号插线孔，挂箱 ZK-04 上的电源 L、N 端与端子板上对应的电源相连接。

(2)端子板上 47、48 号门灯控制接线端与挂箱上的模拟门灯插线孔两端相连接。

(3)端子板上 49、50 号压缩机等组件控制接线端与挂箱上压缩机插线孔两端相连接。

(4)端子板上 51、52 号电冰箱电磁阀控制接线端与挂箱上的电磁阀插线孔两端相连接。

(5)端子板上 53、54 号电冰箱智能温控冷冻室传感器控制接线端与挂箱上冷冻室温度传感器处的插线孔两端相连接。

(6)端子板上 55、56 号电冰箱智能温控冷藏室传感器控制接线端与挂箱上冷藏室温度传感器处的插线孔两端相连接。

6)电子温控模式下端子板与控制挂箱的连接

电冰箱电子温控的控制电路和挂箱 ZK-03 的智能温控的控制电路不一样，因此端子板上的接口端也不一样。图 2.71 所示是电冰箱电子温控控制挂箱，按挂箱上的标注依次与端子板相连接。

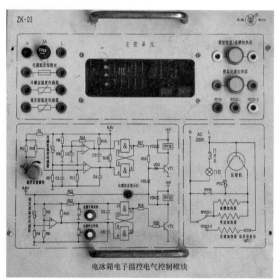

图 2.71　电冰箱电子温控控制挂箱

(1)给电冰箱挂箱 ZK-03 接入交流 220V 电源电压，方法是先将挂箱 ZK-01 上的 L1、N1 端接入交流 220V 电源，然后通过漏电保护器、电流表连接到端子板的 1、2 号插线孔，挂箱 ZK-03 上的电源 L、N 端与端子板上 31、32 号接线端连接。

(2)端子板上 47、48 门灯控制接线端与挂箱 ZK-04 上的模拟门灯插线孔两端相连接(注意先给挂箱 ZK-04 通电)。

(3)在挂箱中的化霜温度熔丝的左端与 L 插线孔连接，右端与模拟化霜电热管左端插线孔相连接,而模拟化霜电热管右端插线孔与 RY02-2 插线孔相连接。

(4)端子板上 49、50 号压缩机等组件控制接线端与挂箱上化霜温度熔丝左端插孔、RY01 连接。然后在挂箱中的模拟管道(流槽加热器)左端将 RY01 右端与 RY02-1 连接。

(5)端子板上 57、58 号电冰箱电子温控冷藏室传感器控制接线端与挂箱上冷藏室温度传感器两端插线孔相连接。

(6)端子板上 59、60 号电冰箱电子温控冷冻室传感器控制接线端与挂箱上冷冻室温度传感器两端插线孔相连接。

3 连接空调器电气控制电路

在已安装好制冷系统的空调器上。连接空调器电气控制电路,操作步骤与电冰箱的连接相同。先处理好导线,然后将器件连接到端子板上;最后将端子板与控制挂箱相连接。下面详细介绍后两步。

1)导线的工艺处理

空调器导线的工艺处理方法参考电冰箱导线的工艺处理方法。

2)器件与端子板的连接

各器件与端子板连接顺序如下。

(1)过载保护器、压缩机等组件引出的三根带有号码的导线 8、9、10 号分别与端子板上的 8、9、10 号接线端相连接。

(2)室内风机引出的五根带有号码的导线 12、13、14、15、16 号分别与端子板上的 12、13、14、15、16 号接线端相连接。

(3)室外风机引出的三根带有号码的导线 17、18、19 号分别与端子板上的 17、18、19 号接线端相连接。

(4)把空调器电磁四通阀引出的两根带有号码的导线 20、21 号分别与端子板上的 20、21 号接线端相连接。

(5)空调器室内蒸发器管路温度传感器引出的两根带有号码的导线 22、23 号分别与端子板上的 22、23 号接线端相连接。

(6)环境温度传感器引出的两根带有号码的导线 24、25 号分别与端子板上的 24、25 号接线端相连接。

3)端子板与控制挂箱的连接

空调器控制挂箱如图 2.72 所示。本设备是使用自身提供的接、插线将端子板与挂箱中的控制电路连接起来,以实现空调器的正常运行。

(1)端子板上 8、9、10 号压缩机组件接线端与挂箱上压缩机电容器右端插线孔、RY01、压缩机电容器左端插线孔相连接。然后在挂箱压缩机电容器左端插线孔上连接一根地线(N)。

(2)端子板上 12、13、14、15、16 号室内风机控制接线端与挂箱上室内风机电容器的右端插线孔、室内风机电容器左端插线孔、RY02、RY04、RY03 相连接。然后在挂箱室内风机电容器左端插线孔上连接一根地线(N)。

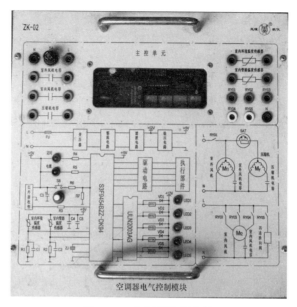

图 2.72　空调器控制挂箱

（3）端子板上 17、18、19 号室外风机控制接线端与挂箱上室外风机电容器左端插线孔相连接、RY01、室外风机电容器右端插线孔相连接。然后在挂箱室外风机电容器左端插线孔上连接一根地线(N)。

（4）端子板上 20、21 号空调器电磁四通阀接线端与挂箱上 N、RY05 相连接。

（5）端子板上 22、23 号空调器室内蒸发器管路温度传感器接线端与挂箱上室内蒸发器管路温度传感器插线孔两端相连接。

（6）端子板上 24、25 号空调器环境温度传感器控制接线端与挂箱上室内环境温度传感器插线孔两端相连接。

☀ 提 示 💡

（1）剥导线时线头不宜留得过长，号码管编号不能穿错，方向不能反。

（2）导线与端子板连接时，不能有线头裸露。要紧固导线，不能有松动。

（3）在确定没有连接错误时才能通电。

📖 做一做

每个小组同学用工位上的工具，用真空泵对制冷与空调系统技能实训装置的制冷系统进行抽真空和充注制冷剂。

▌4　操作评价

每个小组学生利用工位上的工具，分别对电冰箱、空调器电气系统进行检测及安装，将操作评价填入表 2.5 中。

表 2.5　安装电气控制电路的检测评价表

序号	项目	测评要求	配分/分	评分标准	自评/分	互评/分	教师评价/分	平均成绩/分
1	电冰箱电气控制电路安装	温度传感器的检测与连接	10	1. 接线的正确率占5分 2. 连接线线头的处理占2分 3. 在端子板中裸露线头过长减2分 4. 线号没有套或方向不统一减1分				
		PTC起动继电器的检测与连接	10					
		过载保护器的检测与连接	10					
		二位三通电磁阀的检测与连接	10					
		照明电路的检测与连接	10					
2	空调器电气控制电路安装	传感器的检测与连接	10					
		室外风机的检测与连接	10					
		室内风机的检测与连接	10					
		电磁四通阀的检测与连接	10					
		压缩机及过载保护器的检测与连接	10					
安全文明操作		违反安全文明操作规程(视实际情况进行扣分)						
额定时间		40min						
开始时间			结束时间		实际时间		成绩	
综合评价意见(教师)								
评价教师			日期					
自评学生			互评学生					

理论知识：电冰箱和空调器电气控制系统的组成及工作原理

1 电冰箱电气控制系统的组成及工作原理

1)电子温控电冰箱电气控制系统的组成及工作原理

以 THRHZK-1 型制冷与空调系统技能实训装置为例，其电子温控电气控制模块采用东芝 GR-204E 型电冰箱的温控电路系统，该温控电路系统主要由电源电路、起动电路、冷藏室的温度控制电路、压缩机开停机控制电路、除霜电路、工作状态指示电路等组成，整个电路中用到的芯片为 LM339N 和 HEF401B。将控制电路集中放置在 ZK-03 挂箱中。

电子温控是指电冰箱的控制回路由电子元器件组成，不采用微型计算机控制芯片。所用的感温元件采用热敏电阻器，其工作方式是直接放在箱内空间的适当位置，利用热敏电阻器的阻值随温度的变化而发生相应变化，从而引起控制电路工作，分别控制压缩机的开停与除霜电路的开停，达到对电冰箱箱内温度的控制。由于这种温度控制器使用了大量的电子元器件，故又称为电子温控器。电子温控电冰箱的电气控制电路图如图 2.73 所示。

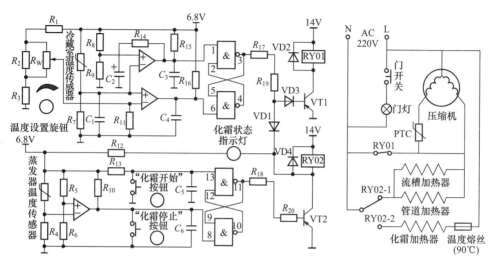

图 2.73　电子温控电冰箱电气控制电路图

(1)冷藏室的温度控制电路。电子温控器中用到了两个不同的 NTC 热敏电阻式传感器，即冷藏室温度传感器与蒸发器温度传感器。通过冷藏室温度传感器得知冷藏室的温度，来控制压缩机的起动与停止。

①温度检测电路：温度检测电路由冷藏室温度传感器与电阻器 R_7 串联组成，利用热敏电阻器温度越低阻值越大的温度特性，从电阻器 R_7 上获得的电压 U_7 就越小。

②温度调节电路：温度调节由电阻器 R_1、R_2、R_3 和滑动电阻器 R_W 所组成，利用滑动电阻器可以改变基准电压 U_{11}。此电压为温度调节电路的输出信号压缩机的停机动作电压，也可说是压缩机的停机动作电压。

(2)压缩机开/停机控制电路。电冰箱压缩机开/停机控制电路主要由压缩机开机检测电路和停机检测电路组成。

①压缩机停机检测电路：压缩机停机检测电路由运算放大器 LM339N、与非门逻辑电路 HEF401B、VT1、RY01 等组成。温度检测电路输出电压 U_7 与温度调节电路输出电压 U_{11} 进行比较，确定控制制冷压缩机继电器 RY01 的工作状态。当 $U_7>U_{11}$ 时，比较器输出高电平，VT1 饱和，继电器 RY01 保持得电状态，电冰箱保持工作状态；当 $U_7<U_{11}$ 时，比较器输出低电平，VT1 截止，继电器 RY01 失电，电冰箱停机。电阻器 R_{16} 是一个上拉电阻器，当运算放大器输出为高电平时，起到抬高运算放大器输出点电位的作用，控制压缩机开停继电器 RY01。

②压缩机开机检测电路：压缩机开机检测电路由运算放大器 LM339N、与非门逻辑电路 HEF401B、VT1、RY01 等组成。由 LM339N 组成的电源比较器，将前面温度检测电路输出电压 U_7 与电阻器 R8/R9 分压所得到的固定电压 U_9 进行比较，确定控制压缩机继电器 RY01 的工作状态。当 $U_7>U_9$ 时，比较器输出低电平，继电器 RY01 得电工作；当 $U_7<$

U_9 时，比较器输出高电平，继电器 RY01 工作状态不变。电阻器 R_{15} 是一个上拉电阻器，当运算放大器输出为高电平时，起抬高运算放大器输出点电位的作用，控制压缩机开停继电器 RY01。

（3）化霜电路。化霜是采用半自动电加热化霜方式，电路主要由运算放大器 LM339N、与非门逻辑电路 HEF401B、VT2、RY02、按钮等组成。以手动操作"化霜开始"按钮起动化霜，自动结束化霜。当在化霜期间需要人工强制停止化霜时，也可以用手按动"化霜停止"按钮，中止化霜。

化霜电路的工作过程，在需要化霜时，按"化霜开始"按钮，HEF401B 的 U_{13} 为低电平。此时由于冷冻室内温度较低，电压比较器输入端电压 $U_8 < U_9$，输出为高电平，即触发器的复位端为"1"，U_8 为高电平，所以触发器的输出端 U_{11} 为"1"，此电位使晶体管 VT2 处于饱和导通状态，继电器 RY02 动作，化霜加热器得电工作，化霜状态开始进行。为了确保压缩机在除霜期间处于停止状态，电路接入二极管 VD1，使晶体管 VT1 截止。经过一段时间化霜，冷冻室温度升高，即蒸发器温度传感器随着温度的升高阻值变小，当 $U_8 > U_9$ 时，电压比较器输出端为低电平，触发器翻转，输出端 U_{11} 为"0"，使晶体管 VT2 截止，化霜工作自动停止。在化霜期间，需要中断化霜时，只需要按"化霜停止"按钮，强行使得电压比较器输出端为低电平，同样可以使触发器翻转，化霜工作停止。在化霜期间，操作面板上的化霜状态指示灯亮，化霜结束后化霜状态指示灯随之熄灭。

2）智能温控电冰箱电气控制系统的组成及工作原理

（1）以 THRHZK-1 为例，智能温控电冰箱电气控制系统的组成及主要功能。智能温控电冰箱控制系统采用微型计算机控制（单片机控制），主要由传感器、单片机芯片 MC908LK24、驱动电路、继电器和显示器件等组成，智能温控电冰箱的电气控制电路图如图 2.74 所示。智能温控电冰箱的功能主要包括以下几个方面。

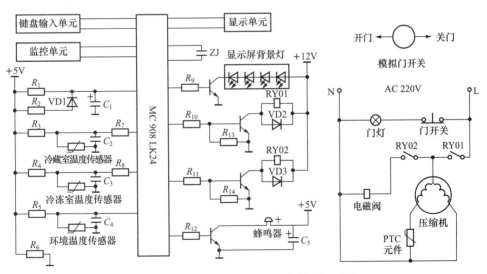

图 2.74　智能温控电冰箱的电气控制电路图

①制冷温度控制功能：通过温度传感器和微型计算机控制实现电冰箱各个温区的温度自动控制，使电冰箱内的温度达到用户设定的温度范围。

②电源过压保护功能：当市电电压过高时，通过熔断器熔断措施保护控制板及其他电子元器件不至于损坏。

③压缩机 3min 延时起动保护功能：系统在每次通电时首先检测停机时间是否不足 3min，如果不足，则自动延时 3min 后起动压缩机。这是因为压缩机刚停机，制冷系统管道内压力需要一段时间平衡，如果在停机后马上起动，则开机负载很大，容易损坏压缩机。

④系统保护及断电记忆功能：在单片机通电 3s 后，才允许起动压缩机，目的是防止用户在插接电源过程中出现的暂时性接触不良，产生弧光。如果系统因强干扰等原因造成死机，则能自动复位且保持复位前的显示和复位前的模式运行。系统停电后再通电，自动按停电前的模式及设定运行。

⑤冷藏室蒸发器自动化霜控制功能：蒸发器经过一段时间的制冷后表面会结霜，霜层过厚将直接影响电冰箱的制冷效果。自动化霜控制根据电冰箱运行制冷的时间使冷藏室蒸发器表面的霜融化成水并排出箱外，自动化霜控制的同时确保化霜过程结束后再进行制冷，避免化霜水结冰从而堵塞排水孔及影响制冷能力。

⑥自动化霜控制功能：无霜电冰箱并非不结霜，而是电冰箱具有自动化霜控制功能，不需要用户手动化霜。自动化霜控制根据电冰箱运行制冷的时间以及箱内的温度控制化霜加热器的工作进行化霜，化霜过程中化霜加热器加热将冷冻室蒸发器上的结霜融化成水并排出箱外。在自动化霜过程中冷冻室停止制冷，风扇电动机停止运转，避免冷冻室温度的回升。

⑦二位三通电磁阀初始化及自动纠错功能：二位三通电磁阀用于多循环电冰箱系统，具有脉冲驱动、无驱动信号状态保持等特点，每次通电发送交替驱动脉冲使二位三通电磁阀来回动作进行初始化，避免由于长期不运行导致的阀芯卡死。由于不是随时输出驱动脉冲，在运行过程中的自动纠错功能通过对比电磁阀当前应有的工作状态和对应蒸发器的温度变化是否一致，判断电磁阀的状态是否正确，若不正确则发送驱动脉冲进行纠正。

⑧冷藏室关闭功能：根据使用需要由用户设定关闭不需要直冷使用的间室，以减少实际使用的耗电量。间室关闭功能通过系统控制电磁阀的状态，关闭对应间室的制冷循环回路，实现对应间室停止制冷的功能。

⑨关闭提示功能：根据检测到的门开关的信号，如果开门的时间超过了设定的时间，则蜂鸣器鸣叫提醒用户关门，如果长时间仍未关门，则认为门开关故障或者用户忘记关门，自动进行关照明灯等动作。

⑩速冷、速冻功能：速冷、速冻功能为冰箱根据用户需要设置的预存专家模式，进入速冷模式后冷藏室快速降温，进入速冻模式后冷冻室快速冷却实现保鲜效果，速冷、速冻模式由用户通过按键设定进入，符合条件后自动推出按原有设定运行。速冷、速冻模式下压缩机连续运行。

⑪状态显示功能：该功能通过显示操作面板显示电冰箱的设定温度、实际温度、当前运行模式、间室关闭状态、故障代码等信息。常见的显示方式有，LED 发光二极管显示、

LCD液晶显示屏显示、LED显示屏显示等。

⑫自诊断及故障提示、处理功能：通过软件设置，单片机对电冰箱常见故障进行判断，并以故障代码的形式显示在显示操作面板上，同时程序内部转入故障处理方式运行，使电冰箱维持基本的功能。

⑬系统自检功能：为了便于生产检验以及售后维修，通过特定的按键组合可以进入控制系统自检程序，进入自检后电冰箱按特定的流程进行运行和显示，供检验和维修人员作为判断的参考。自检程序对用户不开放，可以参考厂家的维修手册了解进入方式和进入后的运行流程。

(2)电冰箱智能控制系统单元电路控制原理。电冰箱智能控制系统主要由断电 3min 检测电路、传感器输入电路、继电器驱动电路、背光源电路、蜂鸣器电路等组成。下面对其具体电路进行分析。

①断电 3min 检测电路：断电 3min 检测电路主要由 R_1、R_2、VD1、C_1 等元器件组成，它的作用是实现停电不足 3min 时延时起动压缩机，避免压缩机起动负载过大，达到保护压缩机的目的。电路通过电容器 C_1 的充放电来实现该功能，通电时 5V 电压通过电阻器 R_1 和电阻器 R_2 同时对电容器 C_1 充电，断电后，电容器 C_1 通过电阻器 R_1 放电。由于充电电阻值远小于放电电阻值，所以充电很快，放电很慢。每一次通电，单片机就检测电容器上的电压，如果停电时间过短，单片机检测到高电平，在控制程序中加入压缩机延时起动条件，压缩机延时起动。反之，当单片机检测到低电平，则程序中只要满足压缩机开机条件则立即起动(3min 的延时时间并不要求很准，在 2～5min 的范围内都可以接受)。

②传感器输入电路：传感器输入电路如图 2.75 所示，主要由冷藏室温度传感器输入电路、冷冻室温度传感器输入电路和环境温度传感器输入电路组成。传感器输入电路的作用是将传感器的电阻值变化转化为电压信号，单片机检测到相应的电压变化后，发出相应的控制指令。下面以冷藏室传感器输入电路为例进行说明。电阻器 R_3 与冷藏室温度传感器以及电阻器 R_7 组成分压电路，电阻器 R_7 为输入电阻器，保护单片机芯片输入回路，电容器用来滤除一些尖峰干扰信号，避免采样错误。

③继电器驱动电路：继电器驱动电路如图 2.76 所示，主要由压缩机控制电路和化霜控制电路等组成。这里仅以压缩机继电器为例进行说明。需要压缩机运行时，单片机的引脚输出高电平，通过限流电阻器 R_{10} 使晶体管导通，继电器 RY01 线圈得电，继电器常开触点闭合，接通压缩机的电源，压缩机开始运行。电阻器 R_{10} 和 R_{13} 组成分压保护电路，防止晶体管被击穿，二极管 VD2 在电路中起到续流的作用，防止在断电时继电器线圈产生高电压而损坏电路中的元器件。

④背光源电路：当需要显示屏亮时，单片机引脚输出高电平，晶体管被导通，背光源被点亮。背光源电路由 LED 发光二极管串联组成。

⑤蜂鸣器电路：蜂鸣器电路的控制原理与背光源电路的控制原理基本相同，此处不再作详细的叙述，学生可自行分析。

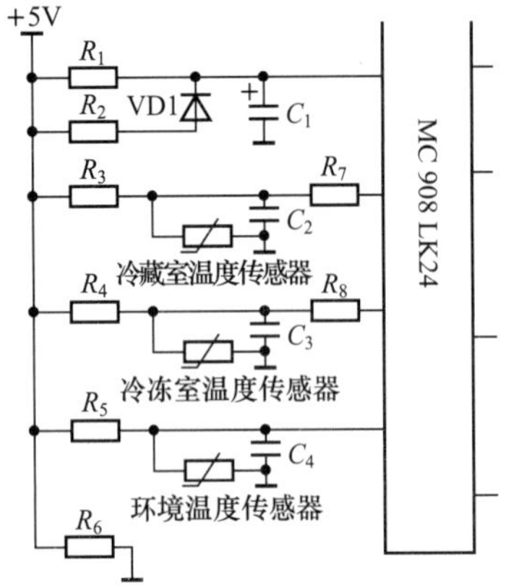

图 2.75　传感器输入电路

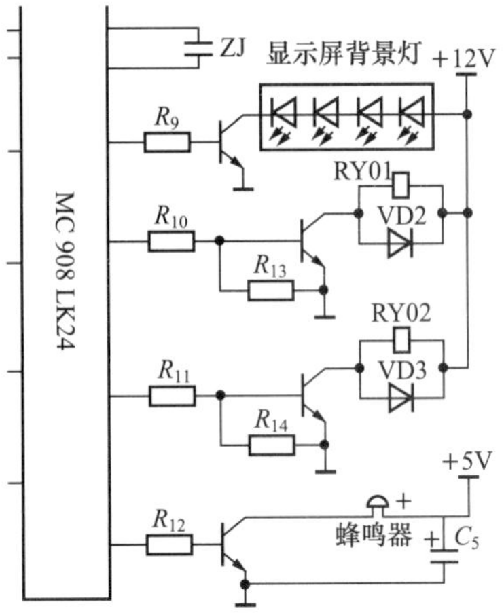

图 2.76　继电器驱动电路

2　空调器控制系统的组成及工作原理

1)空调器控制系统的组成及控制功能

以 THRHZK-1 为例，空调器选用双传感器微型计算机控制系统，整个电气系统由电源电路、单片机主控制电路、红外接收电路、抢先运行电路、温度检测电路、指示电路、驱动电路等组成。空调器控制系统的主要控制功能如下。

(1)制冷、制热恒温自动控制功能：通过传感器与单片机的相互配合，实现温度自动控制，同时实现制冷、制热的自动控制。

(2)电源过压、欠压以及过电流保护功能：如果电压超出正常范围，单片机采取保护措施，使压缩机和风扇电动机停机。当电流互感器检测到压缩机过电流，通过单片机使压缩机停机。

(3)压缩机 3min 延时起动保护功能：系统在每次通电时首先检测停机时间是否够 3min，如果不够则自动延时 3min 后起动压缩机。这是因为压缩机刚停机，制冷系统管道内压力需要一段时间平衡，如果在停机后马上起动则开机负载很大，容易损坏压缩机。

(4)制冷系统压力过高或过低保护功能：当系统管道压力高于或者低于其设定压力时，单片机控制系统很快会断开电源，从而保护压缩机。

(5)风扇调速自动控制功能：室内管道温度传感器检测的温度，传递给单片机以自动调节室内外风扇电动机的转速，提供最合适的运行状态。

(6)辅助电加热功能：在采用热泵制热模式时，当室外温度低于−5℃，热泵型空调器热量将明显下降，因此需要在室内机上安装辅助电加热器。当室内温度为 15℃时，单片机会自动接通辅助电加热器，当室内与设定温度相差 8℃以上时，单片机会使辅助电加热器自动接通电源，这样就能使室内温度尽快上升。当室内温度与设定温度相差 4℃，以及空调器出风口达到 50℃时，单片机会自动断开电加热电源。

(7)干燥除湿功能：在室内处于高温、高湿时，进行除湿，此时空调器压缩机开开停停，室内风扇电动机以低速运行，房间的湿度下降。

(8)制热停机时热量排除功能：制热时有辅助电加热功能，空调器停机后室内机热量排不出去，导致空调器塑料件变形。因此停机时，由单片机控制使室内风机自动延时2min以上，使热量排出。

(9)自动调试功能：在空调器安装或维修时使用该开关，通过调试开关可以使单片机由自动控制变成手动控制。当安装或维修完后复位到自动调试状态。

(10)过温度防止功能：在制热运行时，当室内管道温度在60℃以上时，通过室内管道温度传感器将信号输入单片机，使空调器压缩机停止运行。

(11)制热时室内防热冷风功能：在冬季制热运行时，初次开机或在除霜时，室内会吹出冷风使人感到不适。该功能利用单片机实现在初次开机或在除霜时，室内风机不转，当室内机管道温度升至一定值时，室内风机开始运行。

(12)自动除霜功能：在制热运行时，可以通过单片机控制实现自动除霜功能。除霜时电磁四通阀线圈断电，室内外风扇电动机停止运行，但压缩机仍然运行。当除去室外机散热器上的霜以后，电磁四通阀线圈通电，空调器继续制热运行。在软件设计上，当室外机管道温度低于−4℃、压缩机连续运行50min以上时除霜开始；当室外机管道温度上升到12℃或除霜10min以上时空调器除霜结束。

(13)自动运行与睡眠功能：自动运行是指单片机按照室内温度自动决定空调器运行状态的功能，如夏季自动制冷，冬季自动制热，控制温度在15～30℃之间。由于人体在白天和晚上的新陈代谢不同，感到舒适的温度也不一样，所以该功能可以控制空调器在人入睡以后自动调节设定温度，实现制冷时比设定温度高3℃，冬季制热可比设定温度低5℃，这样可以防止入睡以后有过热或过冷的感觉。

(14)定时运行功能：根据人们生活和工作需要，单片机可以定时控制空调开停机，控制时间为1～16h，控制功能为定时开机或者定时停机。

(15)室内风速自动控制功能：根据室内温度与设定温度之差，室内风机速度可以自动变化。当室内温度与设定温度相差较大时，风机速度变快；温差较小时，风机速度减慢。也可以通过遥控器控制室内风扇速度。

(16)液晶显示功能：通过发光二极管或液晶显示器，可以显示空调器风速、运行模式、时间、温度、故障代码等。

(17)多机控制功能：利用一块计算机主板可以同时控制多台空调器运行。

2)空调器控制系统单元电路控制原理

空调器控制系统电路图如图2.77所示，它主要采用了单片机控制，下面对这个电路进行说明。

(1)电源电路：电源电路主要由交流电源和直流电源组成，如图2.78所示。交流电源主要是给变压器、压缩机、室内/外送风机等执行部件提供电源；直流电源提供+5V、+12V两种电压。+5V用于红外接收电路、单片机控制电路及温度检测电路；+12V用于起动电路、步进电动机及继电器。

(2)单片机主控电路：采用型号为S3F9454BZZ-DK94的单片机，它主要包括电源供电

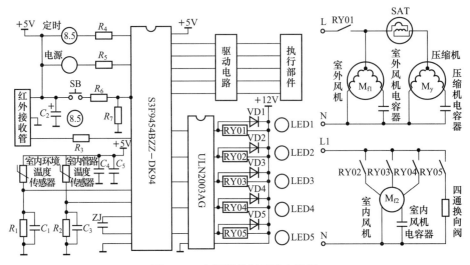

图 2.77　空调器控制系统电路图

图 2.78　电源电路的组成

电路、时钟电路、输入和输出电路。

（3）红外接收电路：红外接收电路主要由红外接收管、C_3、R_3、R_6、R_7 和按钮 SB 等组成。通过红外接收管将用户遥控器上发出的信息传到单片机主控制器中，通过处理分析，并做出相应的执行动作。

（4）强制运行电路：该电路主要是由一个按钮开关 SB 及限流电阻器 R_6 等组成，当按下按钮开关时，单片机获得一个 +5V 的触发信号，然后单片机主控器通过对环境温度的检测得到的相应的信号，自动选择工作模式。这里的按钮开关 SB 又称为应急开关，即在没有遥控或遥控器损坏等情况下，可通过其按钮开关来起动空调系统。

（5）指示电路：分别显示定时、电源和故障方面的状态。

（6）温度检测电路：温度检测电路包括室内环境温度检测和室内管路温度检测电路。它们是根据系统中热敏电阻器随温度的变化，其阻值也随之线性变化的特征来实现温度的检测。在电路中热敏电阻器常与电阻器串联使用，采用串联分压电路，取电阻器上的压降。将其电压信号传送至单片机输入端，单片机主控制器根据采集的信号进行处理、控制运行状态。

（7）驱动电路：驱动电路主要以 ULN2003 达林顿管为主，对单片机输出的控制信号进行反向驱动，从而保证单片机主控制器输出的微弱信号能够驱动其执行部件（如继电器、蜂鸣器、步进电动机等小功率执行部件）。ULN2003 达林顿管的最大驱动电流为 500mA，内部每路都设有续流二极管。

任务小测

1. 填空题(每题 10 分，共 50 分)
   (1)对需要连接到压缩机、过载保护器、PTC 起动继电器等带插片的部件时，都要在导线上连接_____。
   (2)将已剥好头的导线套入号码管，使号码_____读数。然后将导线头放入焊锡盘中进行_____处理。
   (3)设备中的电冰箱有两种控制模式，它们分别是_____和_____控制。
   (4)电子温控电冰箱控制系统主要由_____电路等组成。
   (5)空调器电气控制系统主要由_____电路等组成。

2. 判断题(每题 10 分，共 50 分)
   (1)导线与端子板连接时，不能有线头裸露。　　　　　　　　　　　　　(　)
   (2)电路连接好后可以不经过检查就接通电源。　　　　　　　　　　　(　)
   (3)智能电冰箱采用型号为 S3F9454BZZ-DK94 的单片机进行控制。　　(　)
   (4)初次开机或在除霜时，室内风机不转，当室内机管道温度升至一定值时，室内风机开始运行。　　　　　　　　　　　　　　　　　　　　(　)
   (5)根据智能电冰箱电路分析，在除霜时压缩机仍然运行。　　　　　　(　)

任务 2.6　抽真空、充注制冷剂

任务目标：
(1)会用真空泵对电冰箱和空调器抽真空。
(2)会给电冰箱和空调器充注制冷剂。

任务分析：
本任务要求用真空泵对制冷系统抽真空，然后对制冷系统充注制冷剂。完成本任务需要准备压力表、真空泵、制冷剂钢瓶和常用器材。完成这项任务预计需要 90min，其作业流程图如图 2.79 所示。

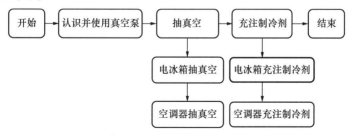

图 2.79　抽真空、充注制冷剂的作业流程图

电冰箱和空调器经过吹污、试压和检漏后，制冷系统没有脏物且密闭性能有了保障，但尚不能实现制冷或者制热功能，需要在系统内满足一定的真空度、并在系统内部充注可循环的工质。

实践操作：电冰箱、空调器抽真空和充注制冷剂

1 认识并使用真空泵

真空泵可以用来排除制冷系统中的空气，使系统成为真空状态。真空泵上有吸气口与

图 2.80　真空泵

排气口，使用时，吸气口通过真空管与真空表修理阀相连接。在电冰箱与空调器的维修中，一般选用排气量为 2L/s、真空度能达到 5×10^{-4} mmHg 的真空泵，如图 2.80 所示。

抽真空时，首先取下进/排气帽，将压力表、三通阀、制冷系统、真空泵连接起来，经检查所有接头密封可靠，没有渗漏现象后打开真空泵上的电源开关，开始作业，直到制冷系统内的真空度达到要求为止。关闭电源，拔下电源插头，拆除连接管道，最后盖紧进/排气帽，防止脏物进入真空泵泵腔。

提 示

当真空泵油出现乳化及被污染时，应及时更换，方法如下。

(1)开启真空泵的电源开关，使真空泵运行 1min，保持真空泵为热的状态。

(2)打开进气口，使泵腔内的油流出来。关闭开关，等待真空泵停下来后再打开放油塞，将废油放进一个容器里待处理。

(3)油停止流动后，倾斜真空泵，将泵体内的废油彻底排出后旋紧放油塞。

(4)打开加油塞，加入新的真空泵油。

(5)盖上进气帽，起动真空泵运转 1min 后检查油位，如真空泵油在油位线以下则再加至正常油位即可。

想一想：真空泵工作时，温度升高、发烫是由什么原因引起的？

2 抽真空

电冰箱、空调器等制冷系统在充注制冷剂前，必须先进行抽真空，要求残留空气的绝对压力不得高于 133Pa。否则制冷系统内高、低压的压力均会增高，增加压缩机的负荷，降低制冷效率。同时空气中的氧与压缩机中的润滑油产生氧化作用，使润滑油变质，产生油垢，使阀门结碳以及对机件产生腐蚀。

1)用真空泵对电冰箱制冷系统进行抽真空

用真空泵对电冰箱制冷系统进行抽真空的作业，操作步骤如下。

 用低压管(黄色)带顶针的一端连接压缩机的进气管,不带顶针的一端连接到压力表的中间接口(公共端)。

 用低压管(蓝色)的一端连接到正对压力表的左边接口(低压端),另一端连接到真空泵上;再用高压管(红色)的一端连接到正对压力表的右边接口(高压端),另一端连接到制冷剂 R600a 气罐阀门上,打开高、低压压力表的阀门,然后接上真空泵的电源,打开真空泵捕集器上的排气帽,开启电源开关,真空泵处于抽真空状态。

 对电冰箱抽真空的时间最好保持在 40min 以上。当低压表读数在 −0.1MPa 左右时,关闭低压力表阀门,然后迅速切断真空泵电源,抽真空完毕。

2)用真空泵对空调器制冷系统抽真空

用真空泵对空调器制冷系统进行抽真空作业,操作步骤如下。

 压力表、真空泵的连接与电冰箱一致,不同的是低压管(黄色)带顶针的一端连接到空调器截止阀(气阀)上,高压管(红色)的一端连接到制冷剂 R22 钢瓶上。

 用内六角扳手打开截止阀(气阀、液阀)的阀门,同时也要打开高、低压压力表的阀门,然后接上真空泵的电源,打开真空泵捕集器上的排气帽,开启电源开关,真空泵进行抽真空状态。

 对空调器抽真空的时间最好保持在 40min 以上。当压力表低压端指针在 −0.1MPa 左右时,关闭低压力表阀门,迅速切断真空泵电源,抽真空完毕。

提 示

(1)抽真空时接入制冷剂钢瓶的目的是把从制冷剂钢瓶到制冷系统这一段高压管内的空气排尽，避免因制冷剂排空造成的环境污染和危险。

(2)在使用 R600a 制冷剂的系统中，要想使抽真空达到要求，必须采用"真空泵抽真空一段时间停止→起动压缩机工作一段时间后停止→开启真空泵抽真空"，如此反复三次，方可达到较好的效果。

(3)连接 R600a 制冷剂的气罐时，先要检查开启阀的密封垫圈是否损坏，以防止充注制冷剂时发生泄漏。

3 充注制冷剂

在电冰箱、空调器制冷系统中循环的物质就是制冷剂。如果没有制冷剂，电冰箱和空调器是不可能制冷的。制冷剂即制冷工质，是制冷系统的血液，它在制冷管道系统中不断循环流动，并不断发生相态变化，实现能量转移和物质传递。制冷剂的充注量一般在100～200g，如果充注量过多，会导致蒸发器温度升高，冷凝压力增高；如果偏少，冰箱制冷系统的工作参数发生较大变化，冷冻室内部结冰结霜严重，蒸发器原有的蒸发能力降低，冷量得不到有效释放，液态制冷剂蒸发不完全也会进到进气管中导致进气管结霜。

1)为电冰箱制冷系统充注制冷剂

由于电冰箱制冷系统采用的是 R600a 的制冷剂，根据工作任务，将 R600a 的制冷剂按要求剂量进行充注。由于制冷系统在抽真空时已经将 R600a 制冷剂的气罐连接到系统，因此充注制冷剂的操作分以下两个步骤完成。

① 打开制冷剂气罐上的开启阀。方法是：先顺时针旋转阀门手柄到底，使开启阀中的针刺穿(R600a)气罐，然后再逆时针慢慢地旋转阀门手柄，让制冷剂从气罐内慢慢充注到制冷系统中；充注时注意观察压力表及电流表的变化，充注的速度也不能过快；当充注的压力达到标准的 1/3 时，关闭气罐上的阀门。起动电冰箱运行 5min 后压缩机高、低压管开始有温差。此时，继续慢慢地充注制冷剂(充注一会，停一会)，直到高、低压管开始有明显的温差，冷凝器温度明显升高，蒸发器冷冻室结浮霜(温度降至－24℃)，低压表读数为 0.04MPa 左右，高压表读数为 0.4MPa 左右，电流表读数为 0.44A 左右。此时停止充注制冷剂。

② 当制冷剂充注完成后，取下压缩机工艺管(低压管)端的连接气管，给压缩机低压管戴上密封帽(实际维修中需要对管口先进行封口，再拆掉制冷剂的连接气管)，充注完毕。

2)为空调器制冷系统充注制冷剂

由于空调器制冷系统采用的是 R22 制冷剂，根据工作任务，将制冷剂 R22 按要求进行充注。由于制冷系统在抽真空时已经将制冷剂 R22 的钢瓶连接到系统，因此操作分为以下两个步骤。

1 在停机状态下，打开制冷剂(R22)钢瓶的阀门并将钢瓶倒置，让制冷剂从钢瓶内充注至制冷系统中；充注时注意观察压力表及电流表的变化，充注的速度不能过快。当充注的压力达到标准压力的 2/3 时就起动空调器，在制冷模式下开始注入制冷剂，直到高、低压管开始有明显的温差，室外热交换器有明显热风，室内热交换器有明显冷风并开始结露，低压表读数为 0.35～0.6MPa，高压表读数为 1.7MPa 左右，电流表读数为 2.65～3.0A，停止充注制冷剂。

2 当制冷剂充注完成以后，关掉钢瓶上的阀门，迅速取下低压截止阀上的连接气管，套上密封帽，充注完毕。

☀ 提示 💡

(1)当充注制冷剂的速度变得越来越慢时，说明制冷剂钢瓶上的阀门开启程度越来越小。

(2)在充注完毕后，一定要先关闭制冷剂钢瓶上的阀门，再取下连接制冷系统的低压管(黄色连接管)。目的是防止制冷剂从钢瓶中流出，冻伤操作人员。

(3)取下连接制冷系统的低压管(黄色连接气管)时必须迅速，且速度越快越好。目的是防止制冷系统内的制冷剂外溢，冻伤操作人员。

(4)充注制冷剂时，如遇充注困难，可适度轻微晃动制冷剂钢瓶。

抽真空和充注制冷剂是制冷系统的关键技术，特别是使用 R600a 制冷剂的制冷系统对该技术要求更高，充注操作比较复杂，需要反复练习。

📖 做一做

在制冷系统已经连接好的工作台上，进行抽真空及充注制冷剂操作。

4 操作评价

对抽真空及充注制冷剂的操作，根据表 2.6 中的要求进行评价。

表 2.6　抽真空及充注制冷剂情况评价表

序号	项目	配分/分	评价内容	自评/分	互评/分	教师评价/分	平均成绩/分
1	抽真空	50	1. 电冰箱每连接正确一根气管，得 2 分，共 6 分 2. 空调器每连接正确一根气管，得 2 分，共 6 分 3. 电冰箱抽真空时，真空泵抽真空 20min 后停止，得 4 分；起动压缩机运行 2min 后停止，得 4 分；再用真空泵抽 10min 后停止，得 4 分；又起动压缩机运行 2min 后停止，得 4 分；最后用真空泵抽 6min，得 4 分 4. 电冰箱低压表读数是 −0.1MPa 左右，得 9 分 5. 空调器压表读数是 −0.1MPa 左右，得 9 分				
2	充注制冷剂	50	1. 正确连接电冰箱气管，得 5 分 2. 正确连接空调器气管，得 5 分 3. 电冰箱蒸发器冷冻室结浮霜（温度降至 −24℃），得 5 分；低压表读数为 0.04MPa 左右，得 5 分；高压表读数为 0.4MPa 左右，得 5 分；电流表读数为 0.44A 左右，得 5 分 4. 空调器室内热交换器有明显的冷风并开始结露，得 5 分；低压表读数为 0.4MPa 左右，得 5 分；高压表读数为 1.7MPa 左右，得 5 分；电流表读数为 3A 左右，得 5 分				
安全文明操作			违反安全文明操作（视其情况进行扣分）				
额定时间			每超过 5min 扣 5 分				
开始时间			结束时间　　　　实际时间　　　　成绩				
综合评价意见（教师）							
评价教师			日期				
自评学生			互评学生				

理论知识：抽真空及制冷剂基本知识

1　制冷系统的抽真空

　　制冷系统抽真空的方法一般有三种，低压单侧抽真空、高低压双侧抽真空和二次抽真空。前面介绍的是低压单侧抽真空法，下面再介绍其他两种抽真空的方法。

　　1）高低压双侧抽真空

　　高低压双侧抽真空就是利用真空泵在系统高、低压两侧同时抽真空。在实际运用当中，只在干燥过滤器入口端进行。另设一根工艺管与压缩机机壳的工艺管并联在同一台真空泵上，同时进行抽真空。具体连接方法是：采用耐压胶管分别将干燥过滤器的工艺管和压缩机的工艺管与复式修理阀相连，将复式修理阀的公用接头通过耐压胶管与真空泵相接。抽真空时，只需打开复式修理阀左右两个阀，开启真空泵就可对系统抽真空了。这种方法的优点是抽真空的速度快，高、低压双侧均能达到真空度的要求；缺点是工艺复杂。

2）二次抽真空

低压侧抽真空很难使制冷系统达到真空度的要求，因而可先将系统抽真空到一定的真空度时，停止真空泵；然后向系统充入制冷剂并使系统内部压力回升到与大气压相同，此时开启压缩机运行几分钟，使系统残留空气与工质混合；停止压缩机，开启真空泵进行第二次抽真空。虽然高压侧仍然很难达到真空度要求，但同低压侧抽真空相比，系统残留的是制冷剂与空气的混合气体，减少了系统内残留的空气量。

2 制冷剂

1）制冷剂的种类

（1）R12制冷剂：冰箱过去常用的制冷剂是R12，分子式是CF_2Cl_2，中文名称是二氯二氟甲烷，属于氟利昂制冷剂。从结构式可看出，R12有两个氯原子，对大气层有破坏作用。我国承诺在2005年停止使用氟利昂制冷剂。目前，已研发出的新型环保制冷剂都不再含有氯元素，故不会对大气层造成损害。

（2）R22制冷剂：R22也是烷烃的卤代物，中文名称是二氟一氯甲烷，分子式为$CHClF_2$，标准蒸发温度约为$-41℃$，凝固温度约为$-160℃$，冷凝压力同氨相似，单位容积标准制冷量约为$454kcal/m^3$。

R22的许多性质与R12相似，但化学稳定性不如R12，毒性也比R12稍大。但是，R22的单位容积制冷量却比R12大得多，接近于氨。当要求$-70\sim-40℃$的低温时，利用R22比R12适宜，故R22被广泛应用于$-60\sim-40℃$的双级压缩或空调制冷系统中。R22属于HCFC类制冷剂。目前，R22制冷剂在发达国家已停止生产和使用，在发展中国家其生产和使用截止期限是2030年。

（3）R134a制冷剂：R134a作为R12的替代制冷剂，它的许多特性与R12很相像。R134a的毒性非常低，在空气中不可燃，安全类别为A1，是很安全的制冷剂。R134a的化学稳定性很好，然而由于它的水溶性比R22高，在制冷系统中即使有少量水分存在，在润滑油等作用下，会产生酸、二氧化碳或一氧化碳，会对金属产生腐蚀作用，或产生"镀铜"作用，因此R134a对系统的干燥度和清洁度要求更高。R134a与钢、铁、铜、铝等金属未发现有相互化学反应的现象，仅与锌有轻微的作用。

R134a是目前国际公认的替代CFC-12的主要制冷工质之一，常用于车用空调、商业和工业用制冷系统，以及作为发泡剂用于硬塑料保温材料生产，也可以用来配置其他混合制冷剂，如R404a和R407c等。

（4）R407c制冷剂：该制冷剂是新装制冷设备上替代R22的最简便的选择（通常用在空调器上）；由于R407c与R22物化性能、理论循环性能以及压缩机用油等均不相同，因此对于初装为R22制冷剂的制冷设备的售后维修，如果需要再添加或更换制冷剂，仍然只能添加R22，通常不能直接以R407c来替代（也就是说通常不可以进行换血式的替换；但是对于初装R22的制冷设备，维修或替换时可以用R417a直接替换R22）。R407c主要用于替代

R22，具有清洁、低毒、不燃、制冷效果好等特点，大量用于家用空调、小型商用空调、户式中央空调等。

（5）R600a 制冷剂：R600a 制冷剂的标准蒸发温度是－117℃，凝固温度为－160℃，属于中制冷剂。它对大气臭氧层无破坏作用、无温室效应、无毒，但易燃、易爆，因此使用时应特别注意防火。

R600a 制冷剂对制冷系统的要求如下。

①R600a 压缩机。R600a（异丁烷）制冷剂与目前传统的矿物冷冻油和烷基苯冷冻油完全相容，因此压缩机在制造中无需进行材质改造。R600a 压缩机气缸容积在 R12 基础上增大65％～70％，外形尺寸基本不变，对压缩机的泄漏必须进行更为严格的控制。由于 R600a 的易燃性，因此应对压缩机的冷凝器和蒸发器进行必要的改动，起动继电器采用 PTC 元件并且密封，过载保护器密封。R600a 压缩机的铭牌上标有黄色火苗的易燃标志。

②蒸发器和冷凝器。用于 R12 制冷剂的蒸发器和冷凝器同样适用 R600a 制冷剂，但要进行必要的制冷匹配。在更换蒸发器和冷凝器时一定要按厂方提供的相同型号的零部件进行更换，否则制冷不匹配。

③系统内材料的相容性。R600a 与钢、紫铜、黄铜、铝、氯丁橡胶、尼龙和聚氯乙烯相容，这些材料制作的与 R600a 接触的零部件均可以用于 R600a 制冷系统。天然橡胶、硅与 R600a 不相容，这些材料与 R600a 接触会引起化学反应，不能用于 R600a 制冷系统。

④毛细管。用于 R12 制冷系统的毛细管同样也适用于 R600a 制冷系统，只是流量不同。

⑤干燥过滤器。一般适用于 R12 的干燥过滤器同样也可以用于 R600a 的系统，但在维修过程中要求使用 R600a 专用干燥过滤器。

⑥R600a 的充入量相当于 R12 的 40％左右，因此需要高精度的制冷剂灌注设备及校准仪器。

⑦电磁阀。一般电控冰箱都装有电磁阀。由于 R600a 的制冷特性，适用于 R12 制冷系统的电磁阀同样也适用于 R600a 系统。

⑧工艺管。要求内外表面清洁光亮、无明显拉管划伤，管端口无毛刺和变形；长度为140mm±3mm；尺寸偏差为 Φ6×0.75mm；外径为 6mm；壁厚为 0.75mm±0.08mm。

2）R600a 电冰箱维修工艺及安全注意事项

R600a 电冰箱维修时无论系统是否有泄漏，所有打火的电器件区域 R600a 的浓度不能达到爆炸极限。因为 R600a 比空气重，所以要求维修现场能保证良好的通风条件。在灌注制冷剂时，为避免可能产生静电从而产生火花，要求所有设备必须接地，所有的接线必须牢固，绝对不允许有接错现象。

（1）首先检查周围环境有无火源，并保持良好的通风。

（2）将维修专用设备及配件准备好。

（3）检查维修设备及把其他形式的能转换成电能的装置。

（4）检查排空钳是否泄露、松动，并调至合适位置。

（5）将排气管引至室外，把排空钳卡在干燥过滤器处，起动压缩机，运行 5min 后停止，振动压缩机以便使与润滑油相溶解部分的异丁烷排放出来，暂停 3min 后，再插电运行

5min，使管路系统内异丁烷含量降低至最小。

(6)关掉把其他形式的能转换成电能的装置，将干燥过滤器的排气孔密封，将专用排空钳卡在压缩机的低压管处，用R600a真空泵抽真空，运行10min。

(7)用割管器拆掉压缩机和干燥过滤器，用氮气将管路吹污5s以上。

(8)更换R600a压缩机、干燥过滤器(XH9)，用气焊焊接各接口。

(9)吹氮气检漏。氮气压力不超过0.8MPa，用肥皂水检漏。

(10)放掉氮气，抽真空20min以上，真空度达到规定值。

(11)为保证灌注量的精确性，灌注时应用电子秤称量，电冰箱插电运行。

(12)无异常用罗克环封口。

(13)封口处用肥皂水检漏。

(14)电冰箱插电运行，检测性能。

▌3　充注制冷剂的方法

充注制冷剂的方法常见有三种，即定量充注法、称重充注法和压力观察法。前面已介绍的是压力观察法，下面介绍另外两种充注方法。

1)定量充注法

定量充注法就是按照铭牌上给定的制冷剂充灌量加充制冷剂。常采用定量充注器或抽空充注机向制冷装置定量加充制冷剂。

(1)利用定量充注器充注制冷剂，在制冷装置抽好真空后关闭三通阀，停止真空泵，将与真空泵相接的耐压胶管的接头拆下，装在定量充注器的出液端上，将连接定量充注器的耐压胶管接到阀的接头上。打开出液阀将胶管中的空气排出，然后拧紧胶管的接头，检查是否泄漏后就可以进行充注。

充注制冷剂，观察充注器上压力表的读数，转动刻度套筒。在套筒上找到与压力表相对应的定量加液线，记下玻璃管内制冷剂的最初液面刻度。然后打开三通阀，制冷剂通过胶管进入制冷系统中，玻璃管内制冷剂液面开始下降。当达到规定的充灌量时，关闭充注器上的出液阀和三通阀，充注工作结束。

(2)采用抽真空充注机充注制冷剂时，只需在抽真空结束后，关闭抽真空充注机上的抽真空截止阀，打开充液截止阀，即可向制冷系统充注制冷剂。

2)称重充注法

将装有制冷剂的小钢瓶放在电子秤或小台秤上，将耐压胶管一端接在三通阀上，另一端接在钢瓶的出气阀上；打开出气阀将耐压胶管中的空气排出，拧紧接头以防止泄漏。然后，称出小钢瓶的重量。打开三通阀向制冷系统充加制冷剂。

在充注制冷剂的过程中，应注意观察电子秤的读数值变化，当达到相应的充灌量时，关闭三通阀和小钢瓶上的出气阀，充注工作便结束。

▌4　制冷剂的分装

当分装制冷剂时，将压力表用耐压胶管一端连接到大钢瓶阀口处，压力表的另一端连接到小钢瓶的阀口处，然后将大钢瓶置于高处倒置过来，将小钢瓶置于低处。打开大、小钢瓶的阀门后，用压力表阀门来控制制冷剂转移的速度，并观察小钢瓶中的压力，当小钢瓶中的压力达到预定压力的 2/3 时，关闭压力表上的手阀和大、小钢瓶上的阀门，拆掉耐压胶管，结束制冷剂的分装。

通常制冷维修人员出外维修制冷设备或为空调充注制冷剂时，为了方便携带制冷剂钢瓶，都会把制冷剂从大钢瓶转移到小钢瓶中。充注时为了安全，一定要遵守以下几点。

(1)对不同型号制冷剂应使用相对应的钢瓶固定存放，不能随便混用。

(2)钢瓶中制冷剂存储的多少要根据钢瓶自身的容积来定，绝对不能超出规定限额。

(3)一般充注的量为钢瓶容积的 2/3 为宜，以免因环境温度过高导致钢瓶膨胀或磕碰钢瓶引起钢瓶爆炸。

(4)确保转移到小钢瓶的真空度(或钢瓶内无空气)。

任务小测

1. 填空题(每题 10 分，共 50 分)

(1)真空泵的作用是_____。

(2)抽真空的时间至少为_____ min 以上，压力应在_____。

(3)高、低压管开始有明显的_____、冷凝器温度明显_____、蒸发器冷冻室结_____温度降至_____、低压表读数：_____、高压表读数：_____、电流表读数：_____。

(4)高、低压管开始有明显的_____、室外热交换器有明显的_____、室内热交换器有明显的_____并开始_____、低压表读数：_____、高压表读数：_____、电流表读数：_____。

(5)制冷系统抽真空的三种方法是_____、_____、_____。

2. 判断题(每题 10 分，共 50 分)

(1)抽真空完毕后先关真空泵，再关压力表手阀。   (   )

(2)制冷剂充注时，速度越快越好。   (   )

(3)在维修电冰箱时，如没有 R600a 的制冷剂可以用 R22 制冷剂代替。 (   )

(4)高低压双侧抽真空的优点是速度快，高低压双侧均能达到真空度的要求。(   )

(5)充注 R600a 制冷剂时，应注意要在环境通风的地方操作。   (   )

项目 3

双温冷库的装调与检修

本项目将学习双温冷库制冷系统的安装、调试与检修。此部分内容难度较大，需要认识双温冷库制冷系统的特殊器件和结构，理解其工作原理，学生需通过多次对冷库安装与调试来积累维修经验，培养科学严谨、百折不挠的工匠精神。

知识目标 ☞

1. 能说出双温冷库制冷系统的特殊器件、结构、作用。
2. 能讲解双温冷库制冷系统安装与调试的方法。
3. 能分析双温冷库制冷系统的工作原理。
4. 能说出双温冷库的常见故障诊断、排查和维修方法。

能力目标 ☞

1. 能规范安装和调试双温冷库制冷系统。
2. 能对双温冷库的常见故障进行诊断、排查和维修。
3. 培养耐心、细致、有条理的工作作风及沉着冷静的心理素质。
4. 培养一丝不苟、精益求精的职业素养。

安全规范 ☞

1. 爱惜设备、器材，不允许随手扔工具，在操作过程中不得发出异常噪声。
2. 保持机组平台、工作台表面干净清洁，工具摆放整齐。
3. 在管件制作与安装过程中须穿戴防割手套，在通电测试时须穿戴绝缘鞋和绝缘手套。
4. 在进行与制冷剂相关的操作时须穿戴防冻手套和防护目镜。

随着我国经济的快速发展，人们对大容量食物储存低温设备的需求越来越旺盛，随之而来的是对维修维护人员需求量大增。本项目以星科双温冷库工作台为例，学习双温冷库的结构、工作原理、安装、运行维修、维护的相关知识和技能。

双温冷库中的一些器件是电冰箱和空调器所没有的。双温冷库工作台及特殊器件如图 3.1 所示。

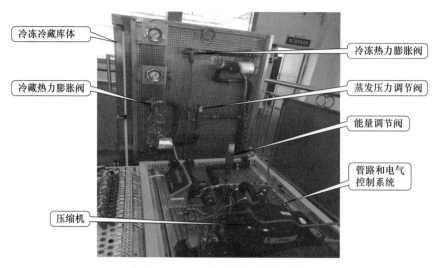

图 3.1　双温冷库特殊器件和结构

任务 3.1　认识双温冷库制冷系统特殊器件

任务目标：

(1)认识双温冷库压缩机组。

(2)认识双温冷库冷凝器。

(3)认识双温冷库蒸发器。

(4)认识双温冷库热力膨胀阀。

(5)认识双温冷库蒸发压力调节阀。

(6)认识双温冷库能量调节阀。

任务分析：

冷库的作用是通过人工制冷的方法，使库内保持一定的低温。要使冷库长期处于低温状态，则必须使制冷系统持续供冷才能实现。本任务将介绍冷库制冷系统的压缩机组、冷凝器、蒸发器、热力膨胀阀、蒸发压力调节阀、能量调节阀等特殊器件的作用和结构。其作业流程图如图 3.2 所示。

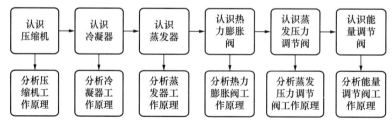

图 3.2　认识双温冷库制冷系统作业流程图

实践操作：认识双温冷库制冷系统 7 种特殊器件

■1 认识双温冷库压缩机

双温冷库中的压缩机体积比电冰箱和空调器中的压缩机大得多，结构和工作原理则大致相同。双温冷库压缩机如图 3.3 所示。

■2 认识双温冷库冷凝器

双温冷库冷凝器如图 3.4 所示。冷凝器是一种换热器，又称散热器、凝结器等。冷凝器的作用是将压缩机排出的高压过热蒸汽的热量

图 3.3 双温冷库压缩机

传递给周围介质，如水或空气（或周围其他低温介质），蒸汽受冷却后凝结为液体。冷凝器按冷却介质和冷却方式，可分为水冷式冷凝器、空冷式冷凝器和蒸发式冷凝器。

(a) 正面   (b) 侧面

图 3.4 双温冷库冷凝器

■3 认识双温冷库蒸发器

双温冷库蒸发器有冷冻室蒸发器和冷藏室蒸发器，如图 3.5 所示。冷冻室蒸发器以风冷方式制冷，利用风机能达到迅速制冷的效果：制冷剂在排管内流动，通过管壁冷却管外空气，依靠风机加速空气流动，空气流经箱体内的蒸发器排管进行热交换，使柜内空气迅速冷却，从而达到降温的目的。冷藏室蒸发器以直冷方式制冷。

(a) 冷冻室蒸发器   (b) 冷藏室蒸发器

图 3.5 双温冷库蒸发器

▋ 4 认识双温冷库热力膨胀阀

双温冷库热力膨胀阀如图3.6所示。它是一种依靠蒸发器出口制冷剂蒸汽的过热度来改变通道开度自动控制阀门，对系统起节流降压的作用（功能类同于毛细管）。热力膨胀阀装在蒸发器的进口，感温包设在蒸发器出口管上。感温包中充有感温工质（制冷剂或其他气体、液体），当蒸发器的供液量偏小时，蒸发器出口蒸汽的过热度增大，感温工质的温度和压力升高，通过顶杆将阀芯向下压，阀门开度变大，供液量增多；反之，当供液量偏大时，蒸发器出口蒸汽过热度变小，阀门通道开度便自动变小，供液量随之减少。

▋ 5 蒸发压力调节阀

蒸发压力调节阀如图3.7所示，它主要调节冷藏库和冷冻库的蒸发压力（蒸发温度）差值，确保冷藏和冷冻两个系统在不同工作参数下的相对独立运行。顺时针旋进蒸发压力调节阀，开度会变小，压差会增大。

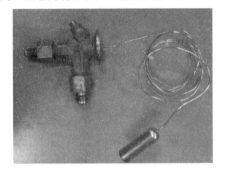
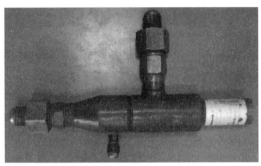

图3.6 双温冷库热力膨胀阀 　　　　　 图3.7　 蒸发压力调节阀

▋ 6 能量调节阀

能量调节阀又称旁通阀，如图3.8所示，连接在压缩机的进气管和排气管之间，通过提供高压侧热气对低压侧热气的补偿，使其与蒸发器的实际负荷相匹配。能量调节阀的工作原理是当蒸发器负荷下降使压缩机的吸气压力降低时，将压缩机排出的高压气体旁通一部分到压缩机的进气管，用于补偿负荷下降减少的蒸发器回气量，确保回气压等于或略高于压缩机连续运行所必需的最低吸气压力。

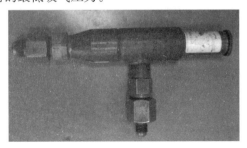

图3.8　 能量调节阀

7 压力开关

压力开关，又称压力继电器、压力控制器，如图3.9所示。压力开关由高精度、高稳定性的压力传感器和变送电路组成，通过对电路的通与断实现对系统的保护和自动控制，属于保护元件。压力开关一般可以分为高压开关、中压开关、低压开关和高低压组合开关几类。本设备仅用到高低压组合开关和中压(冷凝风扇)开关，以下仅介绍这两类开关。

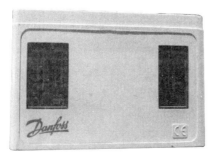 

(a) 高低压组合开关   (b) 中压（冷凝风扇）开关

图3.9 压力开关

1)高低压组合开关

高低压组合开关是由高压开关和低压开关组合而成，达到高压、低压双重保护的目的。调节低压调整杆，设置低压侧闭合压力，低压调整杆旋转一周大约为0.7bar。调节低压侧差压调整杆，设置低压侧的差压，差压调整杆旋转一周大约为0.15bar。低压侧的断开压力等于低压侧的闭合压力减去差压后的值。

提示

低压侧的断开压力必须高于绝对真空压力。

调节高压调整杆，设置高压侧断开压力，高压调整杆旋转一周大约为2.3bar。系统高、低压侧的断、合压力应该经常用精密的压力表进行检测。

2)中压(冷凝风扇)开关

中压开关又称冷凝压力开关，是用于控制冷凝器风扇运行与停止的器件，当冷凝压力低于预设值时，切断冷凝风扇电源，使冷凝风扇停止工作。冷凝压力开关通常连接在储油罐之后，热力膨胀阀之前，其参数设置、调整与高低压组合开关相同。

做一做

根据图3.10要求，选用Φ9.52mm铜管，完成冷藏室蒸发器制冷管件的制作，并将其固定在夹板上。技术要求如下。

(1)形状与图纸要求相符合，喇叭口制作，端面须切除毛刺、光滑无痕迹。

(2)实际尺寸与标注尺寸相符，误差不超过±3mm。

（3）管件无压扁、无变形、无皱褶等情况。

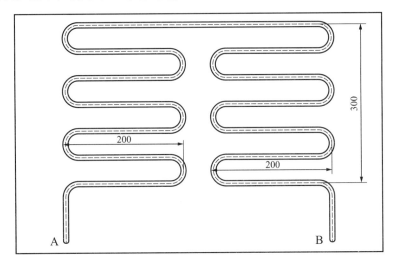

图 3.10　管件图形（单位：mm）

8　操作评价

对冷藏室蒸发器制冷管件的制作情况进行评价，并填入表 3.1 中。

表 3.1　冷藏室蒸发器制冷管件的制作情况评价表

项目	制作情况/30 分	铜管加工质量/70 分	自评 /分	互评 /分	教师评 价/分	平均成 绩/分
外形	与图纸一致，得 15 分	1. 实际尺寸与标注尺寸相符，误差不超过±3mm，得 30 分 2. 无压扁、无变形、无皱褶，得 15 分				
喇叭口	制作了喇叭口，得 15 分	1. 无毛刺，光滑无痕迹，得 15 分 2. 铜管内没有残留铜屑，得 10 分				
安全文明操作	违反安全文明操作（视其情况进行扣分）					
额定时间	每超过 5min 扣 5 分					
开始时间		结束时间		实际时间		成绩	
综合评价 意见（教师）						
评价教师		日期				
自评学生		互评学生				

理论知识：热力膨胀阀及压力开关

1 热力膨胀阀

热力膨胀阀是通过蒸发器出口气态制冷剂的过热度控制膨胀阀开度的，故广泛地应用于非满液式蒸发器中。按照平衡方式的不同，热力膨胀阀可分内平衡式热力膨胀阀和外平衡式热力膨胀阀两种。热力膨胀阀感温系统中可采用不同物质和方式进行充注，主要方式有充液式、充气式、交叉充液式、混合充注式和吸附充注式。

1)内平衡式热力膨胀阀

内平衡式热力膨胀阀工作原理如图3.11所示，其主要由阀芯、阀座、弹性金属膜片、弹簧、调整螺钉和感温包等组成。以常用的同工质充液式热力膨胀阀分析，弹性金属膜片受以下三种力的作用。

阀后制冷剂的压力 P_1，作用在膜片下方，使阀门向关闭方向移动。

弹簧作用力 P_2，作用在膜片下方，使阀门向关闭方向移动，其作用力大小可通过调整螺丝予以调整。

感温包内制冷剂的压力 P_3，作用在膜片上部，使阀门向开启方向移动，其大小取决于感温包内制冷剂的性质和感温包感受的温度。

对于任一运行工况，此三种作用力均会达到平衡，即 $P_1 + P_2 = P_3$，此时，膜片不动，阀芯位置不动，阀门开度一定。

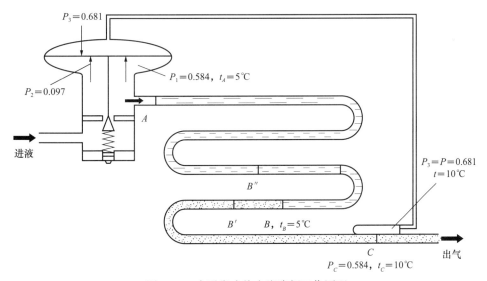

图3.11 内平衡式热力膨胀阀工作原理

2)外平衡式热力膨胀阀

当蒸发盘管相对较细、较长，或者多根盘管共用一个热力膨胀阀且通过分液器并联时，因制冷剂流动阻力较大，若仍使用内平衡式热力膨胀阀，将导致蒸发器出口制冷剂的过热度很大，蒸发器面积不能有效得到利用。这时，应使用外平衡式热力膨胀阀。

外平衡式热力膨胀阀工作原理如图 3.12 所示，其主要由阀芯、弹性金属膜片、弹簧、调整螺钉、感温包、平衡管组成。从图中可以看出，外平衡式热力膨胀阀的构造与内平衡式热力膨胀阀基本相同，只是弹性金属膜片下部空间与膨胀出口互不相通，而是通过一根小口径平衡管与蒸发器出口相连，这样，膜片下部承受蒸发器出口制冷剂的压力，从而消除了蒸发器内制冷剂流动阻力的影响。

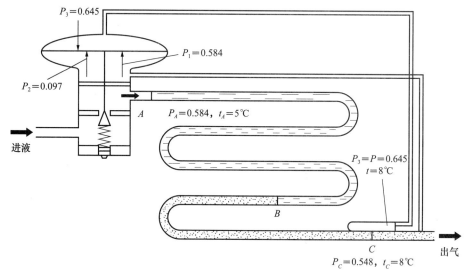

图 3.12　外平衡式热力膨胀阀工作原理

2　压力开关

1）压力开关的种类

常见的压力开关有三种：机械型压力开关、电子型压力开关和防爆型压力开关，如图 3.13 所示。

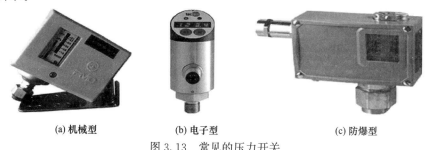

(a) 机械型　　　　(b) 电子型　　　　(c) 防爆型

图 3.13　常见的压力开关

（1）机械型压力开关。机械型压力开关是通过纯机械形变引发微动开关动作。当压力增加时，作用在不同的传感压力元器件会产生形变并向上移动，通过栏杆弹簧等机械结构，最终起动最上端的微动开关，输出电信号。

（2）电子型压力开关。电子型压力开关可用来替代电接点压力表，一般用于对工控要求比较高的系统上。电子型压力开关内置精密压力传感器，通过高精度仪表放大器放大压力信号，一般采用 4 位 LED 实时数显压力，继电器信号输出，上下限控制点可以自由设定，具有迟滞小、抗震动、响应快、稳定可靠、精度高等特点。电子型压力开关利用回差设置可以有效保护压力波动带来的反复动作，保护控制设备，是检测压力、液位信号，实现压力、液位监测和控制的高精度设备。

(3)防爆型压力开关。防爆型压力开关通过特殊的结构和材料设计，确保在危险环境中安全可靠地开关电路，防止火花引发爆炸。

防爆型压力开关的外壳以及内部部件采用耐爆炸材料制造，能够承受极高的压力和温度，阻隔爆炸气体的火花进入；防爆型压力开关采用严密的密封设计，能够防止爆炸气体进入开关内；防爆型压力开关采用封闭式结构，当开关断开电路时，通过特殊设计的电弧石内部结构，将电弧短路和吸收，避免引发火花；防爆型压力开关的触点，通常采用高功率电阻合金材料或无火花材料，具有良好的耐高温、抗腐蚀和抗磨损性能，能够减少或消除电弧的产生。

2)压力开关的工作原理

当系统内压力高于或低于额定的安全压力时，感应器内碟片会瞬时发生移动，通过连接导杆推动开关接头接通或者断开；当压力降至或升至额定的恢复值时，碟片会瞬时复位，开关自动复位。压力开关采用的弹性元件有单圈弹簧管、膜片、膜盒及波纹管等。

3)压力开关的特点

(1)采用英制管螺纹快速接头或铜管焊接式安装结构，安装灵活，使用方便，无须进行特殊的安装固定。

(2)插片式或导线式连接可供用户任意选定。

(3)采样密封式不锈钢感应器，安全可靠。

(4)在压力范围内，可以根据用户选定的压力值订制。

4)压力开关的用途

(1)压力开关广泛应用于商用和家用汽车制冷系统的高、低压力保护控制装置中，或蒸汽工况和发电站、蓄能器、接收器、闪蒸罐、分离器、洗涤器、炼油装置等，也适用于各种设备工具的高、低压力保护控制。

(2)压力开关广泛应用于化工、石油、冶金、电力、供水等领域中，辅助对各种气体、液体压力的测量控制，是工业现场理想的智能化测控仪表。

(3)压力开关还可以广泛应用于航空航天和军工领域。

任务小测

1. 填空题(每题 10 分，共 50 分)

(1)压缩机在工作过程中，吸入蒸发器的_____制冷剂蒸汽，压缩制冷剂蒸汽使其_____升高。

(2)热力膨胀阀按照平衡方式的不同可分为_____两种。

(3)蒸发压力调节阀顺时针旋进开度会变小，压差会_____。

（4）双温冷库冷冻室蒸发器的制冷方式为_____。

（5）能量调节阀又称_____，连接在压缩机的_____和_____之间。

2. 判断题（每题 10 分，共 50 分）

（1）能量调节阀的作用是实现压缩机的能量调节。　　　　　　　　（　）

（2）蒸发压力调节阀用来调节两库的蒸发压力差值。　　　　　　　（　）

（3）星科双温冷库工作台使用的是外平衡式热力膨胀阀。　　　　　（　）

（4）双温冷库中用的压缩机比空调器用的压缩机小得多。　　　　　（　）

（5）当多根盘管共用一个膨胀阀时，应选用内平衡式热力膨胀阀。　（　）

任务 3.2　安装双温冷库制冷系统

任务目标：

（1）根据图纸要求，选用合适的铜管，完成制冷管件的制作并进行吹污。

（2）根据图纸要求，连接制冷管件并对系统进行吹污和检漏。

（3）根据所提供的接线端子排分配表，完成双温冷库电气系统的连接。

（4）抽真空并加制冷剂。

任务分析：

本任务要求利用双温冷库工作台，对制冷系统和电气控制系统进行安装、抽真空并加制冷剂等操作。需要准备铜管、胀管扩器、签字笔、活动扳手、压力表、制冷剂等材料和工具。完成本任务预计需要 120min，其作业流程图如图 3.14 所示。

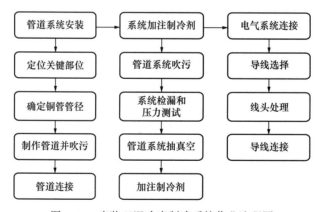

图 3.14　安装双温冷库制冷系统作业流程图

实践操作：完成双温冷库冷制冷系统安装

1 管道系统安装

1）定位关键部件

要求双温冷库的柜体与机组平台间距净尺寸为 100mm，热力膨胀阀竖直安装，感温包安装在蒸发器出口的水平管路上。电磁阀水平安装。

　　(1)零部件在底板上定位。零部件布局如图 3.15 所示。对电磁阀、干燥过滤器、三通和能量调节阀量取位置尺寸，用铅笔注上标记，然后安装塑料定位胀塞，如图 3.16 所示。

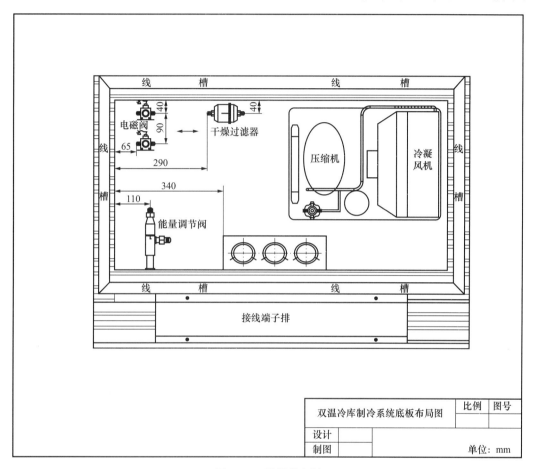

图 3.15　零部件布局

图 3.16　在面板上定位零部件

（2）零部件在侧板定位。根据零部件侧板布局要求，按布局图标注尺寸，如图3.17所示，对蒸发压力调节阀、热力膨胀阀量取位置尺寸，用铅笔注上标记，然后安装塑料定位胀塞，对零部件定位，如图3.18所示。

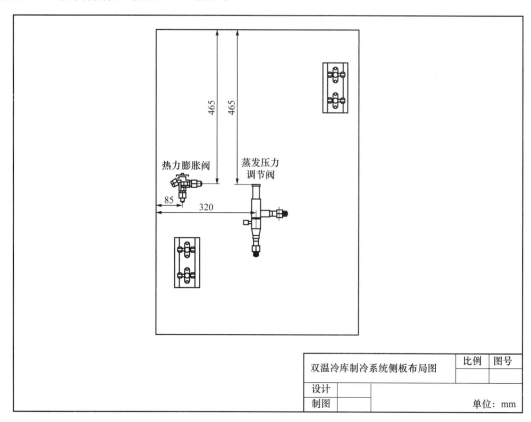

图 3.17　在侧板定位零部件

图 3.18　在侧板定位零部件

2)确定铜管管径

根据图 3.19 所示的制冷系统安装图确定铜管管径。由图可以看出须用 1/4" 和 3/8" 两种管径的铜管,在制作管道时应注意哪些部件的连接用 1/4" 的管径,哪些部件的连接用 3/8" 管径的铜管。

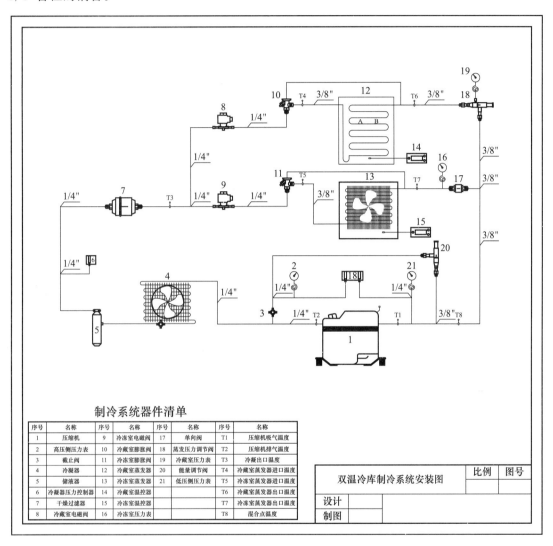

制冷系统器件清单

序号	名称	序号	名称	序号	名称	序号	名称
1	压缩机	9	冷冻室电磁阀	17	单向阀	T1	压缩机吸气温度
2	高压侧压力表	10	冷藏室膨胀阀	18	蒸发压力调节阀	T2	压缩机排气温度
3	截止阀	11	冷冻室膨胀阀	19	冷藏室压力表	T3	冷凝出口温度
4	冷凝器	12	冷藏室蒸发器	20	能量调节阀	T4	冷藏室蒸发器进口温度
5	储液器	13	冷冻室蒸发器	21	低压侧压力表	T5	冷冻室蒸发器进口温度
6	冷凝器压力控制器	14	冷藏室温控器			T6	冷藏室蒸发器出口温度
7	干燥过滤器	15	冷冻室温控器			T7	冷冻室蒸发器出口温度
8	冷藏室电磁阀	16	冷冻室压力表			T8	混合点温度

双温冷库制冷系统安装图		比例	图号
设计			
制图			

图 3.19 双温冷库制冷系统安装图

3)制作管道并吹污

制作管道时,先量取位置尺寸和铜管尺寸并弯曲铜管,然后切割铜管、串好保温管、扩喇叭口,最后进行吹污,最终完成管道制作与吹污,如图 3.20 所示。对管道吹污时,需要在维修阀的管头和铜管间加装双外丝转接头。由于铜管有两种规格,转接头也需要与之匹配。吹污压力为 0.4~0.6MPa,可由维修阀调节。

 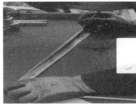  

图 3.20　制作管道并吹污

4)管道连接

零部件必须安装可靠、牢固。对于有尺寸要求的零部件，安装尺寸误差不超过±5mm，没有尺寸要求的零部件可自行固定。热力膨胀阀感温包用铜管卡进行固定；保温处理采用专用自粘保温管进行保温，毛细管使用扎带进行适当固定；单组压力表用毛细管连接，如果毛细管过长，在单组压力表侧做环形盘绕，并用扎带分 3 处扎紧，环形内径为 Φ40～60mm；连接长度超过 400mm 的管件(含器件长度)，使用 R 型管卡和铜柱(铜柱由铜管自制)进行固定。对需要保温的管路及器件加套保温管，串保温管时管口用胶套封口。

(1)连接 3 个压力表的管道。连接压力表的 3 根管道，如图 3.21 所示。管道与压力表的连接如图 3.22 所示。

(a)接低压表　　　　　　　　(b)接高压表　　　　　　　　(c)接冷凝表

图 3.21　接压力表的 3 根管道

图 3.22　管道与压力表的连接

(2)连接其余所有的 1/4"管径和 3/8"管径的铜管。根据图纸要求将已经做好的铜管连接起来，如图 3.23 所示。

图 3.23 连接 1/4"管径和 3/8"管径铜管

2 系统加注制冷剂

要给制冷系统加注制冷剂，首先要对管道系统进行吹污处理，然后检查管道系统是否完全封闭，接着对管道系统抽真空，最后加注制冷剂。

1)管道系统吹污

分别对高压段系统、压缩机高压出口段、冷冻室段及冷藏室段进行吹污操作，如图 3.24 所示。吹污氮气压力为 0.4~0.6MPa，电磁阀和手阀必须开启。具体操作步骤如下。

图 3.24 管道系统吹污

(1)分别断开压缩机吸气截止阀、排气截止阀与制冷系统其他部件的连接。

(2)把制冷系统中所有的阀门打开(如果是氨制冷系统，安全阀、充氨阀、放空气阀需关闭)。

(3)将高压氮气经减压阀后，通过转换接头连接到冷凝器进口，减压至 0.6MPa(压力表示数)，对压缩机以外的制冷系统进行吹污，吹污时间的长短应视具体情况而定。

(4)反复多次吹扫(一般不少于 3 次)，直至吹污口排出的气体吹在白纸或白布上没有明显污点时为止。

2）系统检漏和压力测试

向系统中注入氮气，氮气压力控制在 0.6～1MPa，然后用肥皂切成薄片，放入温水中，使其溶解成稠状的肥皂液。检漏时，在被检部位用纱布擦除污垢，将肥皂液均匀地抹在被检部位四周，仔细观察有无气泡出现，自检初步结束。断开氮气管与制冷系统的连接，保压 10min 后，如果压力表示数有变化，说明系统有泄漏现象，应查明原因并进行处理，重新进行压力测试操作，直到无泄漏为止，如图 3.25 所示。将保压结束时间及低压侧压力表的压力值填入表 3.2 中。

图 3.25　系统检漏和压力测试

表 3.2　双温冷库制冷系统压力测试记录表

次数	保压开始			保压结束		
	时间/min	压力值/MPa	教师签字	时间/min	压力值/MPa	教师签字
第一次						
第二次						
第三次						

3）管道系统抽真空

系统压力测试结束后，用真空泵对系统抽真空，如图 3.26 所示。具体操作方法及步骤如下。

（1）将真空计及球阀安装在冷冻室蒸发器出口处，关闭系统与外界相通的阀门，打开系统内部所有连通的阀门。

（2）旋下排气阀的旁通孔螺塞，打开旁通孔道，并接上双表修理阀和真空泵。

（3）起动真空泵进行抽真空（正常须抽真空约 30min）后，断开真空泵与双表修理阀的连接软管，进行真空保压。

（4）真空保压 10min 后，真空计显示压力值不高于 2 500mic，方可进行制冷剂充注；压力值高于 2 500mic，不允许进行制冷剂充注，应查明原因，重新进行抽真空操作，直至符合要求为止。将保压结束时间及压力值填入表 3.3 中。

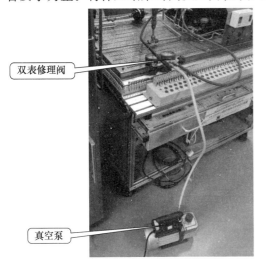
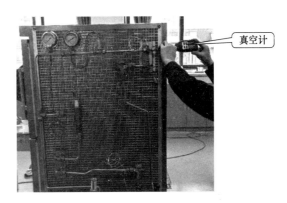

图 3.26 管道系统抽真空

表 3.3 双温冷库制冷系统真空保压记录表

次数	保压开始			保压结束		
	时间/min	压力值/mic	教师签字	时间/min	压力值/mic	教师签字
第一次						
第二次						
第三次						

4)充注制冷剂

抽真空至真空计显示压力值低于 2 500mic 时，佩戴护目镜，使用防冻手套，开始对系统充注制冷剂，如图 3.27 所示，充注步骤如下。

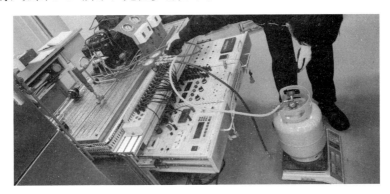

图 3.27 充注制冷剂

(1)关闭歧管压力表上的高、低压手动阀，拆除真空计和球阀。

（2）将中间软管的一端与制冷剂罐注入阀的接头连接。

（3）将高压侧手动阀拧至全开位置，将制冷剂罐倒立。

（4）从高压侧注入规定量的液态制冷剂，参考值为650g，视系统实际需要可适量增减，并将结果填入表3.4中。

表3.4　双温冷库制冷系统制冷剂充注量记录表

充注前制冷剂瓶重量/kg	充注后制冷剂瓶重量/kg	加入量/g	教师签字

3　电气系统连接

电气系统连接可以在管道系统抽真空时进行，也可以在管道系统充注制冷剂后进行。具体操作步骤如下。

1）导线选择

传感器选用0.5mm导线，执行部件（如压缩机、冷凝器等）选用1mm导线、接地线选用1mm黄/绿双色导线。

2）线头处理

根据部件和传感器离端子排的距离裁剪导线，然后串号码管、剥线头、压冷压针（钗），如图3.28所示。注意连接导线两端的号码管所标识的数字应对应一致。

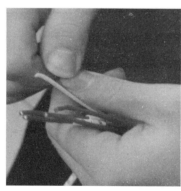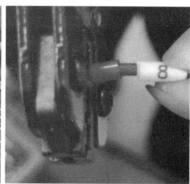

图3.28　线头处理

3）导线连接

在接线前需要确认电气部件的好坏，表3.5列出了相关部件的参考电阻值。根据表3.6双温冷库电气系统接线端子排分配所示，在没有通电的情况下，进行导线连接。连接时，导线安装在线槽内，执行部件的连接导线沿线槽外侧布放，传感器的连接导线沿线槽内侧布放，并用扎带分别固定。对于不在线槽内的连接导线，使用缠绕管绑扎或套管保护。连接空调电气控制模块与平台上接线端子排的插接线，逐一在不同器件的上、中、下三个位置用扎带分开捆扎，如图 3.29 所示。

表 3.5　双温冷库电气元件参考值

名称	电阻值		备注
压缩机	4.7Ω		外接线两个端头电阻值
冷凝风机	约 54Ω		
电磁阀	1163Ω		
冷冻风机	约 350Ω		
冷藏传感器	4.7kΩ	约 37℃	体温握两分钟
冷冻传感器	4.7kΩ	约 37℃	体温握两分钟
高低压压力控制器	AC 通，BD 不通		通电后可交换线以确认 A 点与 C 点
冷凝压力控制器	无穷大		未达到接通值时
门控开关	无穷大或 0		用电阻挡或蜂鸣挡均可

表 3.6　双温冷库电气系统接线端子排分配表

端子排号	设备或器件	端子排号	设备或器件
4	接地线	19	冷冻室风机 L
5	压缩机 L	20	冷冻室风机 N
6	压缩机 N	21	冷冻室照明灯 L
7	冷凝器风机 N	22	冷冻室照明灯 N
8	冷凝器风机 L	23	冷藏室照明灯 L
9	冷冻室电磁阀线圈	24	冷藏室照明灯 N
10	冷冻室电磁阀线圈	25	冷冻室门开关
11	冷藏室电磁阀线圈	26	冷冻室门开关
12	冷藏室电磁阀线圈	27	冷藏室门开关
13	冷凝压力控制器	28	冷藏室门开关
14	冷凝压力控制器	29	冷藏室传感器
15	高低压压力控制器 A	30	冷藏室传感器
16	高低压压力控制器 B	31	冷冻室传感器
17	高低压压力控制器 C	32	冷冻室传感器
18	高低压压力控制器 D		

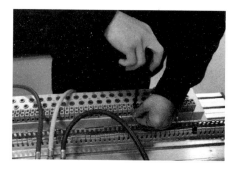

图 3.29　导线连接

4)插接线的连接

部件与端子排之间的导线连接好后，根据表3.6双温冷库电气系统接线端子排分配情况，完成端子排与控制箱之间的导线连接，如图3.30所示。

图3.30　插接线连接

做一做

根据图3.19、图3.31和图3.32中的要求，安装双温冷库制冷管道系统。

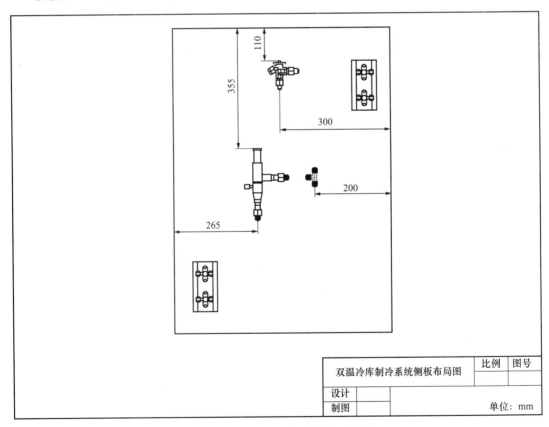

图3.31　双温冷库制冷系统侧板布局图

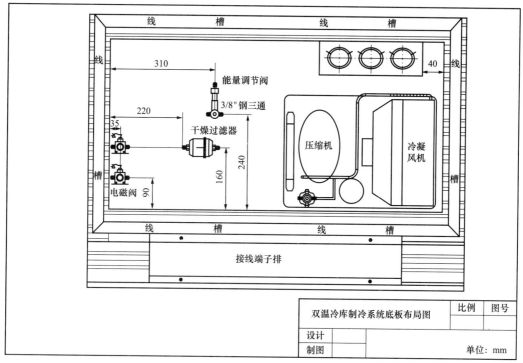

图 3.32 双温冷库制冷系统底板布局图

4 操作评价

对双温冷库制冷管道系统安装情况，根据表 3.7 中的要求进行评价。

表 3.7 双温冷库制冷管道系统安装情况评价表

项目	制作情况/30 分	铜管加工质量/70 分	自评/分	互评/分	教师评价/分	平均成绩/分
底板布局	与图纸一致，得 15 分	1. 实际尺寸与标注尺寸相符，误差不超过±3mm，得 25 分 2. 无压扁、无变形、无皱褶，得 20 分				
侧板布局	与图纸一致，得 15 分	1. 实际尺寸与标注尺寸相符，误差不超过±3mm，得 15 分 2. 无压扁、无变形、无皱褶，得 10 分				
安全文明操作	违反安全文明操作（视其情况进行扣分）					
额定时间	每超过 5min 扣 5 分					
开始时间		结束时间		实际时间		成绩
综合评价意见（教师）						
评价教师			日期			
自评学生			互评学生			

理论知识：双温冷库制冷系统工作原理及压焓图的识读

1 双温冷库制冷系统工作原理

接通电源后，压缩机吸入低温低压的气态制冷剂(R134a)，经压缩机压缩成高温高压的过热蒸汽，由压缩机的排气出口进入冷凝器。冷凝器将制冷剂的热量通过风冷散发给周围的空气后，制冷剂由高温高压的过热蒸汽冷凝为中温高压的液体。液体制冷剂经过储液器、干燥过滤器后分为两路，一路经电磁阀、膨胀阀进入冷藏室蒸发器；另一路经电磁阀、膨胀阀进入冷冻室蒸发器。制冷剂通过膨胀阀被节流降压为低温低压的液体制冷剂，进入冷藏室、冷冻室蒸发器。在蒸发器中，低温低压的液体制冷剂吸入外界大量的热量而气化成饱和蒸汽，从而达到制冷的目的。制冷剂从蒸发器出来后，变为低压气态的制冷剂，分别进入单向阀和蒸发压力调节阀再被压缩机吸入，开始下一轮循环。

2 压焓图

压焓图指压力(P)与焓值(h)的曲线图，是以绝对压力为纵坐标(为了缩小图片的尺寸，提高低压区域的精度，通常纵坐标取对数坐标)，以焓值为横坐标绘制而成。压焓图是分析蒸汽压缩式制冷循环的重要工具，常用于制冷循环设计、计算和分析。压焓图如图 3.33 所示。

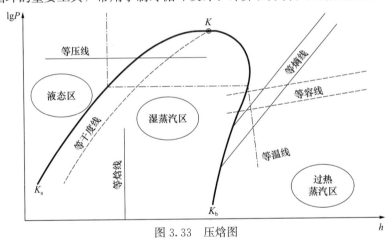

图 3.33 压焓图

(1)焓的定义。把制冷剂的内能(u)与制冷剂流动过程中所传递能量(Pv：P 是压力，v 是比体积)之和，定义为制冷剂的焓(或比焓 h)，即 $h=u+Pv$。

(2)熵的定义。熵表示工质温度变化时，热量传递的程度，用 s 表示。

(3)压焓图曲线的含义。

压焓图曲线的含义可以用一点、三区和八线来概括。

①一点，即临界点 K。临界点 K 为两根粗实线的交点。在该点，液态和气态差别消失。

K 点左边的粗实线 K_a 为饱和液体线，在 K_a 线上任意一点的状态，均是相应压力的饱和液体；K 点的右边粗实线 K_b 为饱和蒸汽线，在 K_b 线上任意一点的状态均为饱和蒸汽状态,或称干蒸汽。

②三区,即三个状态区。

K_a 线左侧——液态区,该区域内的温度低于同压力下的饱和温度。

K_b 线右侧——过热蒸汽区,该区域内的蒸汽温度高于同压力下的饱和温度。

K_a 线和 K_b 线之间——湿蒸汽区,即气液共存区。该区内制冷剂处于饱和状态,压力和温度为一一对应关系。

在制冷机中,蒸发与冷凝过程主要在湿蒸汽区进行,压缩过程则是在过热蒸汽区内进行。

③八线,即八种参数线。

压焓($\lg P$-h)图中共有以下八种参数线。

- 等压线($\lg P$):图上与横坐标轴相平行的水平细实线为等压线 P,同一水平线上的压力均相等。
- 等焓线:图上与横坐标轴垂直的细实线为等焓线,凡处在同一条等焓线上的工质,不论其状态如何焓值均相同。
- 等温线:图上用点划线表示的为等温线。等温线在不同的区域变化形状不同,在液态区等温线几乎与横坐标轴垂直;在湿蒸汽区却是与横坐标轴平行的水平线;在过热蒸汽区为向右下方急剧弯曲的倾斜线。
- 等熵线:图上自左向右上方弯曲的细实线为等熵线。制冷剂的压缩过程沿等熵线进行,因此过热蒸汽区的等熵线用得较多,在 $\lg P$-h 图上等熵线以饱和蒸汽线作为起点。
- 等容线:图上自左向右稍向上弯曲的虚线为等容线。与等熵线相比,等容线要平坦些。制冷机中常用等容线查取制冷压缩机吸气点的比容值。
- 等干度线:从临界点 K 出发,把湿蒸汽区各相同的干度点连接而成的线为等干度线。它只存在于湿蒸汽区。
- 饱和液体线:K 点左边的粗实线 K_a 为饱和液体线,在 K_a 线上任意一点的状态,均是相应压力的饱和液体。
- 干饱和蒸汽线:K 点右边的粗实线 K_b 为干饱和蒸汽线,在 K_b 线上任意一点的状态均为干饱和蒸汽状态,或称干蒸汽。

上述状态参数中,只要知道其中任意两个状态参数值,就可确定制冷剂的热力状态。在 $\lg P$-h 图上确定其状态点,可查取该点的其余 4 个状态参数。

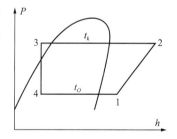

④制冷循环过程

制冷循环过程用压焓图表示,如图 3.34 所示。

各制冷循环过程情况如下。

1—2:压缩机中的等熵压缩、压力增大过程。

2—3:冷凝器内的等压冷却、冷凝,气体向液体转化(液化)过程。

3—4:膨胀阀内的等焓节流、压力减小过程。

4—1:蒸发器内的吸热等压、液体向气体转化(气化)过程。

1—蒸发器进压缩机;
2—压缩机进冷凝器;
3—冷凝器进膨胀阀;
4—膨胀阀进蒸发器;

图 3.34 制冷循环过程

任务小测

1. 填空题（每题 10 分，共 50 分）

(1)对管件吹污的压力是_____。

(2)连接长度超过_____ mm 的管件，使用_____固定。

(3)系统检漏应向系统中注入氮气，氮气压力控制在_____ MPa。

(4)系统真空压力值不高于_____方可进行制冷剂充注。

(5)电气系统连接可以在_____时进行。

2. 判断题（每题 10 分，共 50 分）

(1)压缩机外两个接线端子电阻值为 4.7Ω。　　　　　　　　（　　）

(2)充注制冷剂时不需要佩戴护目镜、防冻手套。　　　　　（　　）

(3)压焓图(lg$P$-h)指压力(P)与焓值(h)的曲线图。　　　（　　）

(4)蒸发器内的吸热，是制冷剂液化过程。　　　　　　　　（　　）

(5)保压 10min 后，压力示数无变化，说明系统有泄漏现象。（　　）

任务 3.3　运行调试与故障排除

前面的任务中已对部件紧固、制冷系统连接、吹污、检漏、保压、抽真空、加注制冷剂和控制线路的连接进行了操作。此时双温冷库还完全不具备正常工作条件，必须对系统进行运行调试。

任务目标：

(1)调整高低压和冷凝压力保护数值。

(2)调节能量调节阀。

(3)调节热力膨胀阀和蒸发压力调节阀。

(4)故障模拟与排除。

任务分析：

本任务要求在双温冷库工作台上，在完成对制冷系统和电气控制系统安装、抽真空并充注制冷剂后，对系统的运行进行调试操作。需要准备螺钉旋具和内六角扳手等工具。完成本任务预计需要 30min。其作业流程图如图 3.35 所示。

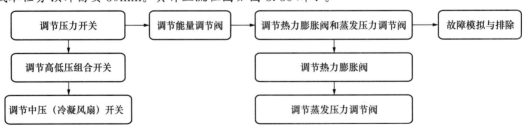

图 3.35　运行调试与故障排除作业流程图

实践操作：调试不同参数、记录运行数据并排故

1　调节压力开关

在控制箱中先设定温控器参数，要求冷藏室温控器为5℃。冷冻室温控器为−10℃，如图3.36所示。然后调节高低压和冷凝压力保护数值。

冷藏室温控器　　　　　　　　　　冷冻室温控器

图3.36　温控器参数

压力控制器参数为：高低压压力控制器高压侧保护设定为14bar(表压力)。低压侧保护压力接通值设定为1bar(表压力)，回差设定为0.7bar。冷凝器压力控制器接通值设定为7.5bar(表压力)，回差设定为1.5bar。具体调整步骤如下。

1)调节高低压组合开关

调节高压调整杆，设置高压侧断开压力，高压调整杆旋转一周大约为2.3bar，将其调至14bar。

调节低压调整杆，设置低压侧闭合压力，低压调整杆旋转一周大约为0.7bar，将其调至1bar。

调节低压侧差压调整杆，设置低压侧的差压。差压调整杆旋转一周大约为0.15bar，将其调至0.7bar。低压侧的断开压力为低压侧的闭合压力减去差压后的值。高低压组合开关调节示意如图3.37所示(注意低压侧的断开压力必须高于绝对真空压力)。

图3.37　高低压组合开关调节示意

图 3.38　中压(冷凝风扇)开关调节示意

2)调节中压开关

调节中压调整杆，设置中压侧闭合压力，中压调整杆旋转一周大约为 2.3bar，将其调至 7.5bar。

调节中压侧差压调整杆，设置中压侧的差压。差压调整杆旋转一周大约为 0.15bar，将其调至 1.5bar，中压(冷凝风扇)开关调节示意如图 3.38 所示。

将实际调节设置的数据填写在表 3.8 中。

表 3.8　双温冷库参数设置记录

项目	设置数值	是否准确	教师签字
冷冻室温控器设定值			
冷藏室温控器设定值			
低压压力控制器闭合压力值			
低压压力控制器压差值			
高压压力控制器断开压力值			
冷凝压力控制器闭合压力值			
冷凝压力控制器压差值			

2　调节能量调节阀

接通电源，让压缩机正常工作。将压缩机排气口到冷凝器进气口之间的手阀关闭少许或将冷冻室和冷藏室的供液电磁阀断电，令排气管和进气管直接导通，和压缩机形成一个小循环。使用内六角扳手旋转调节阀的调整螺杆，顺时针旋转进气压力提高，反之降低旋至所需进气压力值为止，如图 3.39 所示。调整完毕后，将关闭的手阀开启或令冷冻室和冷藏室的供液电磁阀供电，使系统进入正常工作状态，并将保护盖复位拧紧。

图 3.39　调节能量调节阀

3　调节热力膨胀阀和蒸发压力调节阀

打开冷藏/冷冻电磁阀开关，运行稳定后调节热力膨胀阀和蒸发压力调节阀，令冷冻室的蒸发温度与柜体温度的差值为 5～10℃，冷藏室的蒸发温度与柜体温度的差值为 5～15℃。

1)调节热力膨胀阀

旋开螺帽，用十字螺钉旋具调节阀门右下方的旋钮，可以调整热力膨胀阀的开度。开度影响蒸汽的过热度，顺时针调整螺杆，可以增加热力膨胀阀的过热度；逆时针调整螺杆，可以降低膨胀阀的过热度，如图 3.40 所示。

2）调节蒸发压力调节阀

压力表与蒸发压力调节阀的压力表连接口相连接，使用内六角扳手旋转阀调整螺杆，顺时针旋转可使蒸发压力增高，逆时针旋转将降低蒸发压力。调整到所需数值后将保护盖复位拧紧，如图 3.41 所示。

图 3.40 调节热力膨胀阀

图 3.41 调节蒸发压力调节阀

调试完成后，将冷冻室和冷藏室的温度填入表 3.9 中。

表 3.9 双温冷库运行效果记录表

项目	实际值	是否达到设定值	教师签字
冷冻室温度 T_{ds}/℃			
冷藏室温度 T_{cs}/℃			

冷冻室和冷藏室温度均达到设定值后，将温控器参数调低，确保电磁阀处于导通状态，依次测量状态点 T1 至状态点 T8 的温度值以及压缩机运行电流等运行参数，将数据如实填入表 3.10 中。

表 3.10 双温冷库运行数据记录表

		运行温度		
序号	巡检项目	温度/℃	是否相符	教师签字
1	T1			
2	T2			
3	T3			
4	T4			
5	T5			
6	T6			
7	T7			
8	T8			

续表

运行参数				
序号	巡检项目	参数值	是否相符	教师签字
1	压缩机运行电流/A			
2	低压压力/bar			
3	高压压力/bar			
4	冷凝器压力/bar			
5	冷藏室蒸发压力/bar			
6	冷冻室蒸发压力/bar			

4 故障模拟与排除

冷库控制模块通过故障模拟系统，使用继电器模拟冷库电路开路故障，使用201～214代码表示，表示电路共14个故障，第一位数字2表示冷库系统，后两位数字表示测量点的序号。冷库电路故障测量点与模拟开路点如图3.42所示。根据故障现象对测量点电压进行检测，参考故障代码，进行故障判断。本设备设置的14个故障的检测和判断如表3.11所示。

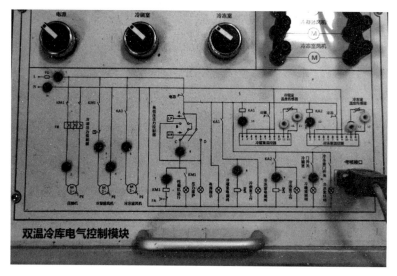

图3.42 冷库电路故障测量点与模拟开路点

表3.11 冷库故障代码与故障内容对应表

故障码	故障部位	故障现象	测量电压	正常数值	故障判断
201	AC220V 电源	电源指示灯不亮	1—N：0V	AC220V	熔断器开路
202	压缩机电路	压缩机不运转	2—N：0V	AC220V	压缩机控制电路接触器 KM1 相线开路

故障码	故障部位	故障现象	测量电压	正常数值	故障判断
203	冷凝器压力控制器	压缩机运行，冷凝器风机不运转	3－N：0V	AC220V	冷凝器风机控制电路冷凝压力控制器开路
204	冷凝器风机电路	压缩机运行，冷凝器风机不运转	4－L：220V	AC220V	冷凝器风机控制电路N线开路
205	冷冻室风机电路	冷冻室风机不运转，冷冻指示灯亮	5－N：0V	AC220V	冷冻室风机电路接触器KA2相线端开路
206	高低压压力控制器电路	压缩机、冷凝器风机均不工作、压力保护指示灯不亮	6－N：0V	AC220V	高低压压力控制器开路
207	交流接触器 KM1 电路	KM1未吸合，压缩机、冷凝器风机均不工作	7－N：0V	AC220V	接触器KM1线圈开路
208	冷藏室电磁阀电路	冷藏室电磁阀未吸合	8－N：0V	AC220V	冷藏室电磁阀线圈电路开路
209	冷冻室电磁阀电路	冷冻室电磁阀未吸合，但冷冻室工作指示灯亮	9－N：0V	AC220V	冷冻室电磁阀线圈电路开路
210	冷藏室温控器控制电路	冷藏室工作指示灯不亮，冷藏电磁阀不吸合	10－1：220V	AC220V	冷藏室温控器内部开关开路
211	冷藏室温度传感器电路	冷藏室温控器报警 E1	11－11：0V	DC3V	冷藏室温度传感器在温控器内开路
212	冷冻室温控器控制电路	冷冻室工作指示灯不亮，冷冻电磁阀不吸合，冷冻室风机不转	12－1：220V	AC220V	冷冻室温控器内部开关开路
213	冷冻室温度传感器电路	冷冻室温控器报警 E1	13－13：0V	DC3V	冷冻室温度传感器在温控器内开路
214	冷藏室照明电路	冷藏室指示灯不亮	14－N：0V	AC220V	冷藏室照明电路门控开关开路

做一做

根据双温冷库电气故障现象，对双温冷库电路进行检测、分析与故障排除，并将结果填入表 3.12。

表 3.12 双温冷库电气排故检测记录表

序号	测试点标号	测试数据	故障代码
故障 1			
故障 2			

续表

序号	测试点标号	测试数据	故障代码
故障3			
故障4			

数据记录说明：测试点标号是指在印制电路板上的测量点上标注的数字、字母或面板上的文字；测试数据是指故障电压值、电阻值等；故障代码是指故障的编号。

故障1　现象：开机后，压缩机不工作，电源指示灯不亮。

故障2　现象：冷冻室风机不运转，冷冻指示灯亮。

故障3　现象：冷冻室电磁阀未吸合，但冷冻室工作指示灯亮。

故障4　现象：冷冻室工作指示灯不亮，冷冻电磁阀不吸合，冷冻室风机不转。

5 操作评价

双温冷库电气排故检测情况进行评价，并填入表3.13中。

表3.13 双温冷库电气排故检测情况评价表

序号	项目	配分/分	评价内容	自评/分	互评/分	教师评价/分	平均成绩/分
1	正确排除故障1	25	1. 正确找准测试点，得5分 2. 正确得出测试数据，得10分 3. 排除故障，得10分				
2	正确排除故障2	25	1. 正确找准测试点，得5分 2. 正确得出测试数据，得10分 3. 排除故障，得10分				
3	正确排除故障3	25	1. 正确找准测试点，得5分 2. 正确得出测试数据，得10分 3. 排除故障，得10分				
4	正确排除故障4	25	1. 正确找准测试点，得5分 2. 正确得出测试数据，得10分 3. 排除故障，得10分				
	安全文明操作		违反安全文明操作（视其情况进行扣分）				
	额定时间		每超过5min扣5分				
	开始时间		结束时间　　　实际时间　　　成绩				
	综合评价意见（教师）						
	评价教师		日期				
	自评学生		互评学生				

理论知识：低温贮藏工艺及防腐原理

1 低温贮藏工艺

低温贮藏食品的方法主要有两种，一种是冷冻贮存，另一种是冷藏贮存。冷冻贮存的温度应低于食品的冻结点，一般为$-30\sim-15℃$。冷藏贮存的温度为$0\sim10℃$。

牲畜屠宰后不经过冷却，直接进行冷冻的过程，叫作冷冻过程。把冻结后的食品置于贮藏间存贮为冷冻贮藏。冷冻贮藏的空气温度由冻结后食品的最终温度来决定，需要长期贮存的肉类，贮藏温度一般不高于$-18℃$，空气相对湿度应保持在$95\%\sim98\%$。

为了能够较长时间保存水果、蔬菜等植物性食品，一般把果蔬放在冷库的高温冷藏间进行贮存。贮藏时应对果蔬进行挑选和分类包装，并将不同种类的食品控制在不同的贮藏温度下。为了保持水分，防止干耗造成的营养散失，还要调节并控制冷藏库的相对湿度，一般要求为$85\%\sim90\%$。

冷库是制冷机房与冷却空间的总称。它为食品贮藏创造必要的温度和湿度条件，根据贮藏的食品种类和温度条件的不同，冷库可分为高温库和低温库。

高温库内的温度一般控制在$0℃$左右，温度变化为$0.5\sim1.0℃$，内冷却设备为干式冷风机，可用来冷藏禽蛋、水果、蔬菜等食品。

低温库一般要求库温在$-18℃$左右，温度波动控制在$\pm1℃$，相对湿度为$95\%\sim100\%$，冷却设备一般为顶排管式或墙排管式蒸发器，排管内制冷剂的蒸发温度为$-23℃$，用于长期贮存经过冻结后的食品，如肉、鱼等。

对于需要长期贮存的新鲜肉类，在进行冻结时，需预先进入冻结间进行速冻，冻结的温度在$-23℃$以下，一些小型冷库会设置冻结间。但大部分都不设冻结间。冻结间的冷却设备除顶排管、墙排管以外，还要配备冷风机。

2 低温防腐原理

食品的主要化学成分可分为有机物和无机物两类，属于有机物的有蛋白质、糖类、脂肪、维生素、酶等；属于无机物的有水和矿物质等。

蛋白质是一种复杂的高分子含氮物质，它由多种氨基酸组合而成，各种蛋白质由于所含氨基酸的种类、数量不同，因而营养价值也有所不同。蛋白质在动物性食品中含量较多，在植物性食品中含量较少。在常温环境中，蛋白质在微生物的作用下会发生分解，产生氨、硫化氢等各种气味难闻和有毒的物质，这种现象称为腐败。

酶是一种特殊的蛋白质，是生物细胞所产生的一种有机催化剂。酶在食品中的含量很少，但它能改变各种生物化学反应的速率，而本身不发生变化，酶的作用强弱与温度有关，一般$30\sim50℃$时酶的活性最强，而低于$0℃$或高于$70\sim100℃$时，酶的活性会变弱或丧失。

水分存在于一切食品中，但各种食品中水分的含量不同，食品中所含的水分应控制在适宜的范围内。如果水分蒸发过多，食品就会失去新鲜的外观，并降低质量，造成风干。

但如果食品中含水量过多，则不容易贮存和保管。

引起食物腐蚀变质的微生物主要有细菌、霉菌和酵母。微生物的生存、繁殖需要一定的环境条件，其中水分和温度是最重要的条件。各种微生物都能在潮湿的环境中快速滋生和繁殖，并且在适合生长的最适温度下繁殖和生长速度最快。

食品可分为动物性食品和植物性食品两大类。这两类食品具有不同的性质，其贮存的方法也不同。另外，空气的温度和湿度条件也会对这两类食品的防腐保鲜带来一定的影响。

动物性食品是指无生命活体的有机体，其生物体及构成它的细胞都已死亡，因此，就不能控制体内引起食品变质的酶的作用，也不能抵抗引起食品腐败的微生物侵入。如果把动物性食品进行冻结贮藏，则酶和微生物的作用均能受到抑制和阻止，食品便能在较长的时间内保持新鲜度而不变质。一般来说，食品温度越低，贮藏时间就越长。

植物性食品是指仍有生命活动的有机体，如水果、蔬菜等。因此，植物性食品自身就具有控制体内酶的作用，并对引起腐败、发酵的外界微生物侵入有一定的抵抗能力。但是，水果、蔬菜等植物性食品在采摘以后便脱离了与母体的生命联系，不能再从其母体上获取维持生命活动所需的营养成分和水分，只能不断地消耗在生长过程中所积累的物质，因而在贮藏过程中会逐渐失去水分，使质量和营养物质发生重大变化。因此，为了长期贮存植物性食品，保持它的色泽、风味和营养性，就必须控制它的生命活动强度，以维持或延长它的生命活动。

任务小测

1. 填空题（每题 10 分，共 50 分）

   (1)调节高压调整杆，设置_____断开压力。

   (2)调节中压调整杆，设置_____闭合压力。

   (3)调节能量调节阀时，将压缩机排气口到冷凝器进气口之间的_____关闭少许或将冷冻室和冷藏室的_____断电。

   (4)调节热力膨胀阀，可以调整膨胀阀的_____。

   (5)_____与蒸发压力调节阀的_____连接口相连。

2. 判断题（每题 10 分，共 50 分）

   (1)在系统调试中需要调节高低压和冷凝压力。 （　　）

   (2)调节蒸发压力调节阀可以使制冷剂增加。 （　　）

   (3)通电压缩机能运行，冷凝器风机不运转，说明压缩机有故障。 （　　）

   (4)冷冻室的蒸发温度与柜体温度的差值为 5～10℃。 （　　）

   (5)冷藏室温控器报警 E1，是冷冻室温度传感器故障。 （　　）

项目 4

家用电冰箱的选用与维修

　　电冰箱是家家必备的电器之一，学生掌握正确的选用方法和维修技能可在上岗后为客户提供更好的服务。本项目要求通过对电冰箱参数指标、整机结构、部件特征、制冷系统和电气控制系统工作原理的学习，学会合理选用家用电冰箱，能对电冰箱的常见故障进行诊断、排查和维修，树立一丝不苟、我为人人等职业精神。

知识目标 ☞

1. 能讲述电冰箱的分类、箱体结构和性能参数。
2. 能说出电冰箱制冷系统的工作原理。
3. 能复述电冰箱常见故障的判断方法。
4. 能说出电冰箱典型电路的组成、特点和原理。

能力目标 ☞

1. 能正确选用和使用电冰箱。
2. 能规范地对电冰箱制冷系统和电气控制系统进行拆卸。
3. 能根据现象正确判断出电冰箱的故障点并排故。
4. 培养耐心、细致、有条理的工作作风及沉着、冷静的心理素质。

安全规范 ☞

1. 工作场地要通风，远离易燃、易爆物品。
2. 严禁在有制冷剂泄漏的情况下进行焊接操作。
3. 安全用电，尽量避免带电操作。如果必须带电操作时须穿电工鞋，单手操作。
4. 氧气瓶、连接管、焊炬、手套严禁附着油脂。氧气遇见油脂易引起事故。
5. 进行充注制冷剂操作时要佩戴手套和防护眼镜。

任务 4.1　选用电冰箱

任务目标：

(1)会根据电冰箱的外形和内部特征区分电冰箱的种类。

(2)会选择电冰箱。

任务分析：

首先，从电冰箱的外形、结构特征认识电冰箱，通过电冰箱上的各种标识了解电冰箱的基本参数，这些参数是选用电冰箱的重要依据。要完成这一任务需要走进电器商场或实训中心。完成本任务预计需要45min，其作业流程图如图4.1所示。

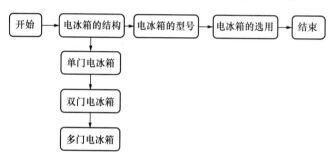

图 4.1　选用电冰箱作业流程图

如今电冰箱已进入千家万户。走进电器商店，形形色色、大大小小的电冰箱琳琅满目。下面将介绍识别和选用电冰箱的相关知识。

实践操作：电冰箱的选用

1 电冰箱的结构

电冰箱按结构不同可以分为单门电冰箱、双门电冰箱、多门电冰箱等。

1)单门电冰箱(图4.2)

单门电冰箱外形特征：单门电冰箱外形是一个立方体，冰箱正面只有一扇门。

单门电冰箱内部特征：打开电冰箱门，里面有温度较低(0～10℃)的冷藏室(一般起保鲜作用)，还有温度很低(−18℃)的冷冻室，要长时间保存的食品最好放在这个空间。

2)双门电冰箱(图4.3)

双门电冰箱外形特征：双门电冰箱外形是一个立方

图 4.2　单门电冰箱

体，冰箱正面从上到下有两扇门。

双门电冰箱内部特征：电冰箱上门内部是温度较低（0～10℃）的冷藏室（一般放水果和蔬菜）。电冰箱下门内部是温度很低（一般不高于−6℃）的冷冻室（一般放肉类）。

3）多门电冰箱（图4.4）

多门电冰箱外形特征：外形是一个立方体，冰箱正面从上到下有三道门甚至更多道门。

多门电冰箱内部特征：电冰箱上门内部一般是冷藏室；电冰箱中门内部一般是冷藏冷冻室，温度比冷冻室略高，在0℃左右；下门内部一般是冷冻室。

图4.3 双门电冰箱

图4.4 多门电冰箱

提 示

电冰箱的种类很多，一般按其功能、外形、制冷方法、冷却形式、放置状态及其制冷等级进行分类。前文仅从外形结构介绍了电冰箱。

想一想：自己家的电冰箱属于哪一类呢？

2 电冰箱的型号

按照我国国家标准规定，家用电冰箱的型号表示方法如下。

□ □—□ □ □
1 2 3 4 5

1——产品代号（电冰箱为 B）。

2——用途分类代号（冷藏室 C、冷藏冷冻室 CD、冷冻室 D）。

3——规格代号（指有效容积，以阿拉伯数字表示，单位用 L）。

4——无霜电冰箱用汉语拼音字母 W 表示，有霜电冰箱不表示。

5——改进设计序号，用大写英文字母表示。

例如，BCD—198WB 是指有效容积为 198L 的冷藏冷冻无霜电冰箱，并且经过了第二次改进。

3 电冰箱的选用

国内外电冰箱的生产企业比较多，在选购电冰箱时要根据预算，选择质量好的电冰箱。下面介绍同种品牌、同种型号的电冰箱应该如何去选择。根据作者的经验可总结为看、试、听、摸四个字。

看：看电冰箱门是否方正、有无变形；看各个部件是否有外伤和变形；看焊口是否有油迹或脱焊现象；看箱体内照明灯是否在开门时灯亮、关门时灯灭。

试：手拉电冰箱门要施加一定的拉力才能打开，关门时箱门靠近门框就会因磁性条的吸力而自动关闭。用纸片插入门缝任何一处，纸片不滑落，说明磁性门封较好。

听：听运行噪声，靠近电冰箱处噪声一般不应该高于 45dB，即在安静的环境中，离电冰箱 1m 远处不能听到声音。

摸：电冰箱起动后，能触摸压缩机、冷凝器、进气管，压缩机和冷凝器应发热，进气管应发凉；20min 后，打开箱门，蒸发器上应结上均匀的薄霜，用手蘸水摸蒸发器四周，手有被粘住的感觉。

做一做

到电器商场，看到有哪些电冰箱种类？你看上了哪一款？应该怎样去选择？

4 操作评价

根据表 4.1 的要求对前述识别和选用电冰箱的活动进行评价。

表 4.1　识别和选用电冰箱评价表

序号	项目	配分/分	评价内容	自评/分	互评/分	教师评价/分	平均成绩/分
1	电冰箱的识别	50	1. 能根据电冰箱外形结构，说出电冰箱的种类，得15分 2. 能说出 BCD—158WB 型号的含义，得20分 3. 能看懂电冰箱的铭牌，得15分				
2	电冰箱的选用	50	1. 能去看箱门、部件、焊口、箱体内照明灯是否正常，得20分 2. 能去试箱门的拉力、吸力，得10分 3. 会听运行噪声是否超过45dB，得10分 4. 会摸电冰箱运行时的发热、发凉、薄霜情况，得10分				

续表

序号	项目	配分/分	评价内容		自评/分	互评/分	教师评价/分	平均成绩/分
	安全文明操作		违反安全文明操作(视其情况进行扣分)					
	额定时间		每超过5min扣5分					
	开始时间		结束时间	实际时间			成绩	
	综合评价意见(教师)							
	评价教师			日期				
	自评学生			互评学生				

理论知识：电冰箱的制冷形式及性能参数

1 电冰箱按制冷形式的分类

电冰箱的种类繁多，按照制冷形式来分，可以分为压缩式电冰箱、吸收-扩散式电冰箱（简称吸收式电冰箱）以及半导体电冰箱等；按箱体外形可分为立式电冰箱、卧式电冰箱、茶几式电冰箱及炊具组合式电冰箱等；按箱门形式可分为单门电冰箱、双门电冰箱、三门电冰箱及多门电冰箱。

1)压缩式电冰箱

压缩式电冰箱按制冷方式可分为直接冷却式(简称直冷式)和间接冷却式(简称间冷式)两种。

(1)直冷式电冰箱，分直冷式双门电冰箱和直冷式单门电冰箱。国产的双门电冰箱大多为直冷式双门双温冰箱，它是让冷气以自然对流方式冷却食品，蒸发器一般直接安装在冷冻室，在冷藏室内另有一个小的蒸发器，或者将冷冻室的冷气分一部分进入冷藏室，冷藏室借助冷冻室里的冷气进行食品冷藏。

(2)间冷式电冰箱的蒸发器多数位于冷冻室和冷藏室的夹层之间，在箱内看不到蒸发器，只能看到一些风孔。夹层内有一个微型电风扇将冷气吹出，达到制冷效果。这种电冰箱有自动除霜装置，因此又叫无霜冰箱。双门间冷式电冰箱与直冷式双门双温电冰箱的主要区别，除了只有一个翅片管式蒸发器外，一般这类电冰箱有两个温度控制器，一个用来控制冷冻室温度，另一个用来控制冷藏室温度。

2)吸收式电冰箱

吸收式电冰箱的构造与压缩式电冰箱类似，也分为箱体、制冷系统和控制系统三部分。家用吸收式电冰箱可以采用各种热源作为动力，如天然气、油、煤气、太阳能等。因此，这种电冰箱都装有气、电两用的加热装置，该装置由燃烧器、自动点火装置、温度控制器组成。燃烧器中还带有安全装置，当燃烧器的火焰熄灭时，感受火焰温度的热电偶可自动断开燃气通路以确保安全。在制冷系统中充有三种物质，即制冷剂氨、吸收剂水、扩散剂氢气或氦气。

3）半导体电冰箱

半导体电冰箱与压缩式电冰箱的主要区别是制冷系统不同。半导体电冰箱是利用半导体温差电现象，形成温差而实现制冷。其优点是体积小、重量轻、可靠性高，半导体电冰箱无机械传动装置，因而无噪声、无磨损、操作简单、维修方便；又因它不用制冷剂，所以无制冷剂泄漏和污染等问题。

半导体电冰箱可以弥补压缩式电冰箱的不足。在一般情况下，制冷温度也比较低，但在做较大体积的电冰箱时成本较高。

2 电冰箱的性能参数

1）电冰箱的铭牌

电冰箱在后壁上方均有铭牌和电路图。铭牌上一般标有产品牌号、名称、型号、总有效容积（L）、额定电压（V）、额定电流（A）、额定频率（Hz）、输入功率（W）、耗电量 [（kW·h）/24h]、制冷剂名称及注入量(g)、冷冻能力(kg/24h)、厂商名称、制造日期及编号、气候类型和防触电保护类型、质量等。

电冰箱星级表示的冷冻室温度等级，如表4.2所示。

表4.2 星级表示的温度等级

星级	符号	冷冻室温度/℃	冷冻室食品储藏期
一星级	*	不高于−6	1星期
二星级	**	不高于−12	1个月
三星级	***	不高于−18	3个月
四星级	****	不高于−24	6～8个月

电冰箱所处地区不同，外界温度也不同，但是不同的地区对电冰箱冷藏室温度要求总体一致，如表4.3所示。

表4.3 不同气候类型下冷藏室的温度要求

气候类型	冷藏室温度/℃	气候类型	冷藏室温度/℃
亚温带型(SN)	−1～10	亚热带型(ST)	0～14
温带型(N)	0～10	热带型(T)	0～14

想一想：每一台电冰箱都有铭牌，铭牌对使用电冰箱有什么帮助呢？

2）电冰箱冷却速度

电冰箱冷却速度是电冰箱的重要性能参数，是冷藏室和冷冻室在出厂时的一项必检项目。冷藏室、冷冻室进行冷却速度试验时，在环境温度下，箱内不加任何负荷，电冰箱连续运行，当各间室的温度同时达到表4.4的规定时，所需时间一般不应超过3h。

表 4.4　各间室的温度标准

气候类型	环境温度/℃	冷藏室 t/℃	"三星"级的冷冻室 t/℃	"二星"级的冷冻室 t/℃	"一星"级的冷冻室 t/℃
亚温带型(SN)	10	$-1 \leqslant t \leqslant 10$	$t \leqslant -18$	$t \leqslant -12$	$-14 \leqslant t \leqslant -6$
	32				
温带型(N)	16	$0 \leqslant t \leqslant 10$			
	32				
亚热带型(ST)	18	$0 \leqslant t \leqslant 12$			
	38				
热带型(T)	18				
	43				

任务小测

1. 填空题(每题 10 分，共 50 分)

   (1)根据国家标准《家用和类似用途电器的安全制冷器具、冰淇淋机和制冰机的特殊要求》(GB 4706.13—2014)规定：亚温带型电冰箱用符号_____表示；温带型电冰箱用符号_____表示；亚热带型电冰箱用符号_____表示；热带型电冰箱用符号_____表示。

   (2)家用电冰箱型号的五个部分分别代表 1 _____；2 _____；3 _____；4 _____；5 _____。

   (3)半导体电冰箱的优点是_____、_____、_____。

   (4)电冰箱按箱门形式可分为_____、_____、_____和_____。

   (5)压缩式电冰箱按制冷方式可分为_____和_____两种。

2. 判断题(每题 10 分，共 50 分)

   (1)电冰箱星级是按冰箱内冷藏室或冷冻室的温度来划分的。（　　）

   (2)半导体电冰箱与压缩式电冰箱的主要区别是制冷系统。（　　）

   (3)用纸片插入门缝任何一处，纸片不滑落，说明磁性门封较好。（　　）

   (4)间冷式电冰箱的蒸发器多数位于冷冻室和冷藏室的夹层之间，在室内看不到蒸发器，只能看到一些风孔。（　　）

   (5)电冰箱运行噪声一般不应该高于 60dB。（　　）

任务 4.2　电冰箱的拆卸

任务目标：

(1)会正确拆卸电冰箱卸冷系统和电气控制系统。

(2)了解电冰箱箱体的组成结构。

任务分析：

在制冷设备的生产和维修中，常常需要安装和更换部件，这就要求在熟悉电冰箱构造的基础上，正确拆装电冰箱，保证生产和维修的质量。本任务是将电冰箱制冷系统主要部件(压缩机、干燥过滤器、毛细管、冷凝器等)以及电气控制系统的主要部件(电气固定部件、电气部件、门控开关、温度控制器等)进行拆卸，通过完成这一任务，达到学会正确拆卸电冰箱主要部件的目的。完成这项任务预计需要90min。其作业流程如图4.5所示。

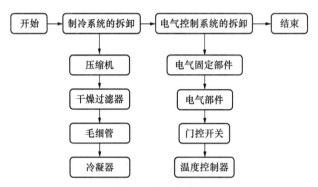

图4.5　拆卸电冰箱的作业流程图

实践操作：电冰箱制冷系统和电气控制系统的拆卸

对电冰箱进行拆装卸是生产和维修电冰箱的重要技能。掌握不同部件的拆卸方法，可为今后维修和生产电冰箱打下坚实的基础。下面学习拆卸电冰箱主要部件的方法。

1 制冷系统的拆卸

1)拆卸压缩机

在电冰箱维修过程中，有时需要更换压缩机，或者更换压缩机中的冷冻油等，这些操作均需要对压缩机进行拆卸。压缩机的正确拆卸方法分以下三步完成。

拆下压缩机的供电电路部件，如过载保护器、起动器及连接线。

用割管器断开工艺管，排空制冷剂，在钳子辅助下用焊枪取下工艺管上增加的铜管。

3　用焊枪断开高、低压管

用焊枪断开高、低压管与压缩机的连接。然后拆下压缩机的机座螺帽和减振胶垫，即可将压缩机卸下。

提示

(1)在拆卸压缩机时，必须先做好第2步才能做第3步。

(2)在拆卸压缩机时，不能伤及压缩机的3根接线柱；不能焊裂或焊堵压缩机的3根管子；严禁污物、粉尘、金属颗粒等进入压缩机内。

2)拆卸干燥过滤器和毛细管

在电冰箱的维修过程中，要排除堵的故障，常常需要更换毛细管和干燥过滤器。拆卸毛细管和干燥过滤器需以下三步才能完成。

1　在系统没有制冷剂的前提下，先折断毛细管，若系统内有制冷剂，则需要先将制冷剂排空。

2　焊下干燥过滤器的输入管，可以用电焊、气焊、锡焊，这里使用气焊。

3　用焊枪对毛细管与干燥过滤器的接口加热，然后用钳子使干燥过滤器与毛细管分开后将其取下。

提示

(1)拆卸过程中，要注意防止焊料过多或是杂质进入管道而造成堵塞。

(2)在分开毛细管与干燥过滤器时，一定要把它们平放，不能立放，否则可能导致焊料流入管内造成堵塞。

(3)拆下毛细管后，若毛细管损坏，则要将取下的毛细管拉直，并测量长度，做好记录，以便更换同管径、同长度的毛细管。

3)拆卸冷凝器

在电冰箱维修过程中，往往需要更换冷凝器，正确拆卸冷凝器是保证维修质量的关键。拆卸冷凝器可以分以下两步完成。

1 在放掉制冷剂的前提下，用焊枪将冷凝器的输入和输出端管接口分开。

2 用螺钉旋具拆下电冰箱背板上固定冷凝器的螺钉，取下冷凝器。

※提示

(1)由于大部分冷凝器都是由铁管制成的，在焊接时，不能损坏管口，不能发生堵塞，不能有裂缝。

(2)拆下的螺钉一定要注意收捡，防止丢失。

(3)部分电冰箱的冷凝器为内置式，在拆卸时需要开背处理，这里不再细述。

2 电气控制系统的拆卸

1)拆卸压缩机的电气固定部件

压缩机的电气固定部件包括后盖、压缩机电路部分保护外壳和接线端子板等。拆卸步骤如下。

1 用螺钉旋具卸下电冰箱后盖部分的螺钉，取下后盖。

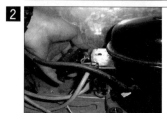
2 先压下卡扣，再用螺钉旋具向外挑起卡扣，使其与壳体脱离，然后将保护外壳往外推离壳体，取下压缩机电路部分保护外壳。

| 3 |  | 先用螺钉旋具将连接地线的螺钉取下，然后用手将连接 PTC 起动器和过载保护器的引线拔下来。 |

提示

在拆卸过程中不要损坏附件。拆卸的附件要分类放置，做好标记，不要将附件张冠李戴，更不能丢失。

2）拆卸电气部件

拆卸后盖的目的就是要拆卸电气部件，电气部件的拆卸步骤如下。

1		拆卸过载保护器。先拔掉接线头，再将过载保护器向外拔出。
2		拆卸 PTC 元件，先拔掉接线头，再将 PTC 元件往外拔出。
3		拆卸起动电容器。先在接线端子板拆下线头，然后将整个起动电容器取出。

提示

过载保护器和 PTC 元件在从压缩机绕组外接端子上拔出时要用力，但同时要注意方向；起动电容器的接线头在拆卸时要记清位置，做好标记。

3）拆卸门控开关

门控开关位于电冰箱冷藏室右侧，如图 4.6 所示。

门控灯的拆卸比较简单，此处不再详细描述。拆卸门控开关时，用螺钉旋具撬起门控开关，然后将其取出。

提示

门控电路主要由门控灯和门控开关组成，开关触点处于常开状态。当门打开时，开关闭合，灯亮；当门闭合时，开关断开，灯灭。

在用螺钉旋具撬起门控开关时不要对电冰箱塑料外壳造成损伤。

4)拆卸温度控制器

电冰箱顶部主要有照明灯、辅助加热开关和温控开关，如图 4.7 所示，拆卸温度控制器（简称温控器），首先要将顶部部件拆卸，其操作步骤如下。

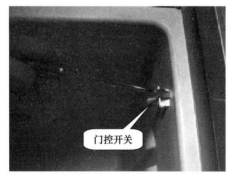

图 4.6　门控开关

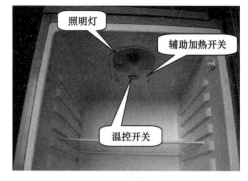

图 4.7　电冰箱顶部

1 	用手小心向外扳动照明灯外罩卡扣，取下照明灯外罩。
2 	用螺钉旋具卸下用于固定冰箱顶板的螺钉。
3 	取下包含温控器和辅助加热开关的电冰箱顶板。
4 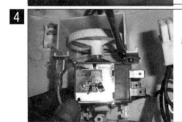	拔掉接线头后用螺钉旋具将温控器左边按扣与卡子脱离，然后将温控器右边按扣与卡子脱离，即可卸下温控器。

在拆卸温控器时要控制好力度，不要损坏起固定作用的塑料卡子。

做一做

根据前述电冰箱制冷系统和电气控制系统的拆卸方法，自己动手完成实践操作。

3　操作评价

对电冰箱的拆卸操作进行评价，填写表4.5。

表 4.5　电冰箱拆卸情况评价表

序号	项目	测评要求	配分/分	评分标准	自评/分	互评/分	教师评价/分	平均成绩/分
1	制冷系统的拆卸	正确拆卸压缩机	20					
		正确拆卸干燥过滤器和毛细管	15					
		正确拆卸冷凝器	15					
2	电气控制系统的拆卸	正确拆卸电冰箱后盖部分	15					
		正确拆卸电气部件	20					
		正确拆卸温度控制器	15					

理论知识：电冰箱的箱体结构和典型制冷系统

1　电冰箱的箱体结构

电冰箱的箱体由外壳、内胆、隔热材料及门体等构成。

1）外壳

外壳一般由 0.5～0.8mm 厚的优质钢板制成，经过磷化处理，表面喷涂丙烯酸漆或者环氧树脂涂料。部分外壳采用硬质装饰性塑料板和塑料型材拼装而成，取消了喷漆处理，实现了箱体结构全塑料化。

2）内胆

内胆一般由 ABS 工程塑料板或者抗冲击聚苯乙烯板制成，采用真空成型，生产效率高，耐腐蚀性好。部分内胆由优质钢板、防锈铝板或者不锈钢板制成。钢板内壳经过搪瓷处理或者喷涂高级涂料，具有强度高、耐摩擦、抗腐蚀等优点，缺点是生产效率较低，制造成本高，一般电冰箱采用得较少。不锈钢内胆多用于高级厨房电冰箱。

3）隔热材料

隔热材料位于箱体的内胆和外壳之间，常用的有聚氨酯硬质泡沫塑料、玻璃棉毡和聚苯乙烯泡沫塑料等。聚氨酯硬质泡沫塑料采用现场注入发泡工艺，便于机械化生产，注入泡沫塑料后，可使内壳与外壳粘接成一体，提高箱体的结构强度。这种隔热材料不吸水，绝热性能好，重量轻，应用比较广泛。

4）门体

门体主要由门外壳、门内胆、隔热材料和磁性门封条组成。门外壳采用优质薄钢板制成，也有的采用塑料挤出型材做成框式结构。门内胆的材料和工艺与箱体相同，只是材料厚度可以稍薄些。门内胆上设有瓶架和蛋架。门外壳和门内胆之间注入聚氨酯硬质泡沫塑料。门内侧四周镶有磁性密封条，当门体和箱体接近关闭时，能自动吸合严密。磁性门封条采用软质聚氯乙烯制作，在中间有塑料磁性条，利用磁力作用，保证箱门与箱体形成一个良好的密封面。若磁性门封条老化、出现污垢或在外磁场作用下失去磁性，则电冰箱会出现密封不严现象，从而失去保温作用。

2 电冰箱的典型制冷系统

1）直冷式单门电冰箱的制冷系统

（1）组成。直冷式单门电冰箱的制冷系统主要由压缩机、冷凝器、蒸发器、毛细管、干燥过滤器等组成，如图 4.8 所示。

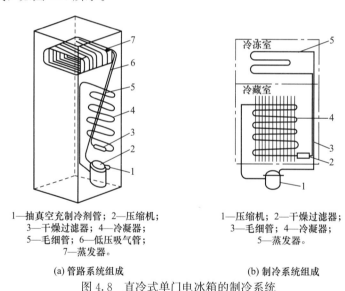

1—抽真空充制冷剂管；2—压缩机；
3—干燥过滤器；4—冷凝器；
5—毛细管；6—低压吸气管；
7—蒸发器。

1—压缩机；2—干燥过滤器；
3—毛细管；4—冷凝器；
5—蒸发器。

(a) 管路系统组成　　　　　　　　(b) 制冷系统组成

图 4.8　直冷式单门电冰箱的制冷系统

（2）特点。系统中只设有一个蒸发器，而且一般吊装在箱内上部。蒸发器内容积用于储藏冻结食品，作冷冻室用。箱内下部冷藏室不装设任何冷却装置，冷冻室和冷藏室的热量传递靠自然对流方式进行。冷冻室的温度最低约−18℃，冷藏室部分的温度一般控制在 0～10℃。压缩机位于箱体外后下部，冷凝器安装在箱体外背部，毛细管与进气管并行，以满足热交换的需要。

2）直冷式双门双温电冰箱的制冷系统

（1）组成。直冷式双门双温电冰箱的制冷系统主要由压缩机、冷凝器（四个）、蒸发器、毛细管(两根)、干燥过滤器等组成,如图4.9所示。

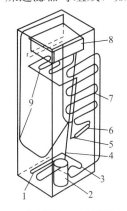

1—副冷凝器;2—压缩机;
3—排气管;4—吸气管;
5—毛细管;6—过滤器;
7—冷凝器;8—冷冻室蒸发器;
9—冷藏室蒸发器、防露管。

(a) 管路系统组成

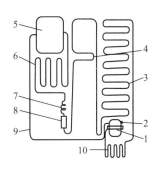

1—压缩机;2—工艺管;3—冷凝器;
4—门框防露管;5—冷冻室蒸发器;
6—冷藏室蒸发器;7—毛细管;
8—干燥过滤器;9—吸气管;
10—副冷凝器。

(b) 制冷系统组成

图4.9 直冷式双门双温电冰箱的制冷系统

(2)工作过程。直冷式双门双温电冰箱的制冷系统,从冷凝器出来的制冷剂,先经过第一根毛细管降压后,进入冷藏室蒸发器部分蒸发,然后流经第二根毛细管,再进入冷冻室蒸发器,此时因蒸发器压力更低,所以蒸发温度更低,从而获得更低的温度。采用双毛细管节流,可使高温蒸发器和低温蒸发器的压力分别保持在所要求的范围内,从而达到两个不同的室温效果。

3)间冷式双门双温电冰箱的制冷系统

(1)组成。间冷式双门双温电冰箱的制冷系统主要由压缩机、冷凝器(两个)、蒸发器、毛细管(两根)、干燥过滤器等组成,如图4.10所示。

(2)特点。与直冷式双门双温电冰箱相比,间冷式双门双温电冰箱的箱体结构、制冷系统及各部件安装位置基本相似,制冷剂在系统中循环的路径也基本一样,其主要区别在于蒸发器和温控器。这类电冰箱只有一个翅片盘管式蒸发器,其安装方式分为横卧式和竖立式两种。由于蒸发器采用翅片盘管式,所以又安装了小型轴流风扇,强迫制冷剂循环对流。一部分冷气通过风道吹至冷冻室,另一部分冷气通过温控器的风门和风道吹送至冷藏室,使两室分别降温。此类电冰箱的温控器有两个,冷冻室温控器通过控制压缩机的开、停来达到冷冻室的星级要求(三星级或四星级)。冷藏室温控器是感温式风门温控器,位于两室之间的风道,能根据风道温度自动调节风门开启的大小来控制进入该室的风量,以实现冷藏室温度达到0~10℃的目的。

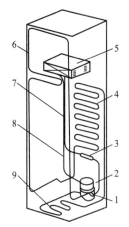

1—压缩机；2—抽真空充制冷剂管；
3—干燥过滤器；4—冷凝器；
5—翅片盘管式蒸发器；
6—门框防露管；7—毛细管；
8—低压吸气管；
9—副冷凝器。

(a) 制冷系统组成

1—起动过载保护器；2—压缩机；3—冷凝器；
4—冷藏室；5—风门温控器；6—风扇；
7—翅片盘管式蒸发器；8—冷冻室；
9—温度控制器；10—制冷盒；
11—搁架；12—果菜盒；
13—水蒸发皿。

(b) 剖面结构

图 4.10　间冷式双门双温电冰箱的制冷系统

任务小测

1. 填空题(每题 10 分，共 50 分)

  (1)门体主要由_____、_____、_____和_____组成。

  (2)电冰箱电气控制系统主要由_____、_____、_____、_____及各种电加热器组成。

  (3)在电冰箱门控电路中，当门打开时，开关_____，灯_____；当门闭合时，开关_____，灯_____。

  (4)与直冷式双门双温电冰箱相比，间冷式双门双温电冰箱的箱体结构、制冷系统及各部件安装位置基本相似，制冷剂在系统中循环的路径也基本一样，其主要区别在于_____和_____。

  (5)直冷式电冰箱冷冻室的温度最低约_____，冷藏室的温度一般控制在_____。

2. 判断题(每题 10 分，共 50 分)

  (1)门控电路主要由门控灯和门控开关组成，开关触点处于常开状态。　　　　　(　　)

  (2)在更换压缩机时，可以不用排放系统内的制冷剂。　　　　　(　　)

  (3)在用螺钉旋具撬起门控开关时不要对电冰箱塑料外壳造成损伤。　　　　　(　　)

  (4)直冷式单门电冰箱的制冷系统内仍然有两个蒸发器。　　　　　(　　)

  (5)若磁性门封条出现污垢或在外磁场作用下失去磁性，则电冰箱会出现密封不严现象，失去保温作用。　　　　　(　　)

任务 4.3　电冰箱的故障判断

任务目标：

(1)掌握判断电冰箱故障的常用方法。

(2)能判断制冷系统的故障。

(3)能判断电气控制电路的故障。

任务分析：

本次任务以常见的双门电冰箱为例，通过"问""看""摸""听"四个方面，学习电冰箱的故障判断方法。通过完成本任务，了解电冰箱工作时各部位的情况，学会判断电冰箱制冷系统和电气控制系统故障。完成本任务预计需要90min，其作业流程图如图4.11所示。

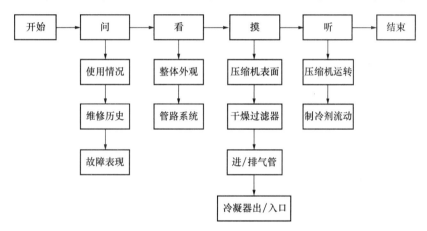

图 4.11　电冰箱的故障判断作业流程图

要维修电冰箱，须根据电冰箱的故障现象，先判断出故障部位，然后再进行检修，否则会事倍功半。因此，掌握电冰箱故障判断方法在电冰箱的维修中尤其重要。图 4.12 所示为工人师傅正在判断电冰箱的故障。

图 4.12　判断电冰箱故障

实践操作：四步法判断电冰箱故障

1 问

"问"就是通过对客户的询问，掌握电冰箱的第一手资料。例如，何时出现何种现象的故障？是否有操作使用上的失误？温度调节是否适宜？所在地是否经常停电？电冰箱的开门次数？电冰箱不制冷现象是逐渐形成的还是突然出现的？同时还要询问用户使用情况、维修历史和故障表现等问题。这样可以根据用户的描述初步判断故障情况，特别是排除因用户误操作而使冰箱出现的假性故障（如夏季因温度控制器调节太低，使电冰箱工作时间过长或长时间不停机等）。

2 看

"看"就是通过对电冰箱整体外部、管路系统的接口观察，判断电冰箱的常见故障，如"门封不严密""漏"都可以通过眼睛仔细观察来发现。具体分以下三步完成。

1 检查电冰箱的整体外部。看是否有磕碰和损坏的地方，看电冰箱的门封是否严紧。门封不严密，可能会导致电冰箱制冷效果不佳及冷冻室出现大量结冰等故障现象。

2 看管路系统是否有泄漏情况。在电冰箱正常工作时，制冷剂和少量的冰冻机油同时在管路中流动。由于制冷剂的渗透性较强，管路中一旦有泄漏，就很容易出现油污的现象。发生泄漏的部位常出现在焊接处（如工艺管的封口处、排气管和进气管的连接处以及干燥过滤器两端的连接处），另外，比较常见的泄漏还会出现在蒸发器上。

3 在检测管路系统有无泄漏时，可以用一张干净的白纸在容易出现泄漏的部位擦拭，看有无油污出现，如果没有出现，说明该处无泄漏。

3 摸

"摸"就是用手触摸制冷系统中关键部位，感觉温度的变化，可初步判断出电冰箱常见的一些故障，如压缩机故障、堵故障等。电冰箱在通电 20～30min 后，制冷系统的各部位温度都会发生明显的变化。此时，可以触摸制冷系统各部件，感知其温度变化情况，具体操作如下。

1	 触摸压缩机	用手触摸压缩机表面。一般压缩机在正常运转过程中，表面的温度可以达到 100℃左右，用手小心触摸时应有明显的烫手感觉。
2	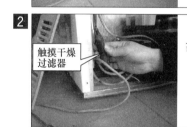 触摸干燥过滤器	用手触摸干燥过滤器。电冰箱正常工作时，干燥过滤器的温度应略高于人体的温度，触摸时应感觉有些热，但不至于烫手。
3	 触摸进气管	用手触摸压缩机进气管。电冰箱正常工作时，压缩机进气管的温度较低，用手触摸时应有冰凉的感觉，但不应出现结霜或滴水情况。
4	 触摸排气管	用手触摸压缩机排气管。电冰箱正常工作时，压缩机排气管的温度较高，大约在 60℃，用手触摸时应感觉有些烫手。
5	 触摸冷凝器入口	用手触摸冷凝器入口。电冰箱正常工作时，冷凝器入口温度较高，与压缩机排气管的温度比较接近。

6 | 用手触摸冷凝器出口处。电冰箱正常工作时，冷凝器出口温度与干燥过滤器的温度比较接近。它的温度是由入口处向出口处逐渐递减的，触摸时应有明显的温差。

触摸冷凝器出口

提 示

(1)为防止因压缩机表面漏电导致触电，在用手触摸压缩机表面时，建议用手背触摸。

(2)由于压缩机表面温度较高，在用手触摸时，应小心烫伤。

4 听

通过"听"，也能了解电冰箱的部分故障，如压缩机故障、堵故障、漏故障等，具体可分以下两步完成。

1 | 听制冷剂在系统中流动的声音。电冰箱在正常制冷时，由于制冷剂要在电冰箱的管道中流动，因此，会有气流声或水流声发出。如果听不到水流声说明管路中有堵塞现象。

听制冷剂的流动声音

2 | 听压缩机工作时的声音。压缩机在正常工作时，应有比较小的"嗡嗡"声，若没有，说明压缩机没有起动；如果出现强烈的"嗡嗡"声，说明压缩机通电，但没有起动；如果听到压缩机内有异常的金属撞击声，则是因卡簧脱落而撞击外壳的声音，遇到这种情况要马上切断电源；如果压缩机出现"嗒嗒"声，则是由于压缩机保护电路故障造成的。

听压缩机运行声音

电冰箱80%的故障能通过"问""看""摸""听"找到故障部位，从而迅速排除故障。

做一做

试着根据上述方法，判断一下自家的电冰箱是否出现故障。

5 操作评价

对是否掌握了判断电冰箱故障的方法进行评价，填写表4.6。

表 4.6 电冰箱故障判断情况评价表

序号	项目	测评要求	评分标准	自评/分	互评/分	教师评价/分	平均成绩/分
1	观察电冰箱运行情况	知道电冰箱故障各部位外观变化情况	对各观察点变化情况不明，扣20分				
2	触摸各关键点温度变化情况	1. 找到温度变化的关键点 2. 正确判断关键点的温度	1. 不能找到温度变化关键点，扣30分 2. 对关键点温度情况不明，扣30分				
3	听冰箱运行时各部位的声音	电冰箱正常运行时，各部位会发出不同声响，根据声响判断故障情况	不能通过声响判断故障点，扣20分				
安全文明操作		违反安全文明操作规程(视实际情况进行扣分)					
额定时间		每超过5min扣5分					
开始时间		结束时间		实际时间		成绩	
综合评价意见(教师)							
评价教师		日期					
自评学生		互评学生					

理论知识：电冰箱的常见故障

1 电冰箱常见故障判断

1)压缩机运转不停故障

故障特征：电冰箱压缩机一直运转不停时，冷冻室会结满厚厚的一层霜，冷藏室无霜。

故障分析：出现此类故障可能是由以下三个原因引起的：门封不严、温控器故障、制冷系统故障。判断电冰箱的制冷剂是否出现泄漏，可以使用前面所讲的肥皂水检漏法，也可使用电子检漏仪进行检漏。一般漏点易出现在铜铝接口处，因为此处易被腐蚀。

2)制冷效果差故障

故障特征：电冰箱起动后，压缩机运转正常，但制冷效果差。

故障分析：当电冰箱出现此类故障，往往是电冰箱管道出现微堵，使制冷剂的流量减少，从而带走的热量减少，造成制冷效果差。

故障判断：要先开机观察电冰箱制冷情况，查看风扇运转是否正常。通过"听""看""摸"未能发现故障部位后，可以通过以下四个步骤找到故障部位。

第一步，用切管器切割压缩机的工艺管口，切开的同时有大量制冷剂从工艺管口喷出，此现象说明电冰箱的制冷系统没有泄漏点；第二步，使用切管器将毛细管与干燥过滤器切断；第三步，通过工艺管口向电冰箱制冷系统中充入氮气，同时可使用打火机检查干燥过滤器接口处，发现干燥过滤器接口处有大量气体喷出（吹动火苗摇摆）；第四步，使用打火机检查毛细管接口处，发现毛细管接口处有少量气体喷出（吹动火苗微动），由此判断是由于毛细管微堵，造成电冰箱故障。

3）电冰箱不结霜故障

故障特征：电冰箱通电后，冷冻室和冷藏室都不结霜，但压缩机运转正常。

故障分析：压缩机运转正常，但又不结霜。说明制冷剂没有在管道系统中循环，造成故障的主要原因是，可能管道有泄漏，造成制冷剂泄漏，电冰箱不结霜；可能管道严重堵塞，制冷剂在管道中难以循环，电冰箱不结霜。对两者应怎样区别？打开压缩机的工艺管口，此时，如果有大量制冷剂排出，说明管道严重堵塞；如果没有或仅部分制冷剂排出，可判断为制冷剂泄漏故障，然后通过以下六个步骤找到故障部位。

第一步，在压缩机的工艺管口焊接管路连接器，将管路连接器与三通检修阀的工艺管连接；第二步，向电冰箱内充入压力为 0.8MPa 的氮气，三天后观察，发现三通检修阀的表压不变，可初步判断为排气管路泄漏；第三步，断开毛细管与干燥过滤器接口处，将干燥过滤器的出口端封死；第四步，使用气焊将排气管与压缩机的连接处断开，连接排气管与三通检修阀的工艺管；第五步，向排气管路中充入压力为 14MPa 的氮气，三天后观察，发现三通检修阀的表压力不变，说明电冰箱的制冷系统无漏点；第六步，恢复对电冰箱的制冷系统抽真空，连接制冷剂钢瓶，电冰箱开机后注入制冷剂，当进气管压力达到 0.6MPa 时，冷藏室开始结霜，当进气管的压力达到 1.5MPa 时，进气管开始结露。由于低压压力过高，超出了正常进气管压力的 3 倍，判断出压缩机阀片关闭不严，需要更换新的压缩机。

2 箱体、制冷系统和电气控制电路的故障特征

1）箱体故障特征

箱体故障特征主要是电冰箱磁性门封不严，造成制冷剂泄漏过多，蒸发器结霜过厚，箱内温度降不下来，使压缩机长时间运转不停。

造成磁性门封不严的主要原因有，聚氯乙烯出现老化变形或破裂、磁性门封失去磁性。另外，安装不当或门铰链损坏造成箱门不平行，箱门关闭不严产生缝隙也会使门封不严。

2）制冷系统和电气控制系统的故障特征

判断电冰箱的制冷系统是否发生故障，主要是根据制冷循环系统中各部件的温度与压力的变化情况以及压缩机的工作时间来判断的。在电冰箱通电后正常运行的情况下，几分钟后冷凝器的高压进气管的温度应很快升高，接着冷凝器的温度也随之升高，其温度一般比环境温度高约 20℃，手摸冷凝器应感觉较热。靠近冷藏室侧壁细听，应能听到气流声。半小时后，打开冰箱门应能见到蒸发器表面均匀结霜。将温控器旋钮向小数字方向旋转，压缩机应能自动停机，再反方向旋转压缩机应能自动开机。如没有上述现象，则证明电冰箱出现故障。

电冰箱制冷系统故障主要表现在以下几个方面：①压缩机长时间运转，箱内不降温；②压缩机长时间运转，但冷藏箱内温度降不到规定值；③压缩机工作时机壳温度过高，超

过正常值等。

电冰箱电气系统的故障主要表现在以下几个方面：①压缩机起动、停止频繁；②箱内温度忽高忽低，失去控制；③压缩机运转不停，箱内温度过低等。

任务小测

1. 填空题(每题 10 分，共 50 分)

　　(1)电冰箱制冷系统是否发生故障，在现场可以采用＿＿＿＿＿＿＿、＿＿＿＿＿＿＿、＿＿＿＿＿＿＿、＿＿＿＿＿＿＿等方法进行现场检查。

　　(2)压缩机运转不停故障表现为＿＿＿＿＿＿＿＿＿＿＿＿＿＿。

　　(3)当制冷系统出现脏堵时，电冰箱进气管的温度为＿＿＿＿＿＿＿＿、排气管的温度为＿＿＿＿＿＿＿＿＿、干燥过滤器的温度为＿＿＿＿＿＿＿＿＿＿。

　　(4)若听不到蒸发器内的气流声，说明制冷系统有＿＿＿＿＿＿＿。

　　(5)电冰箱电气系统的故障主要表现在＿＿＿＿＿、＿＿＿＿＿＿、＿＿＿＿＿等几个方面。

2. 判断题(每题 10 分，共 50 分)

　　(1)当电冰箱接通电源后，首先可听到"嗒"的一声轻响，这是起动器闭合的响声。
　　　　　　　　　　　　　　　　　　　　　　　　　　　　　　　　　　　　　　(　　)

　　(2)电冰箱正常工作时，用手触摸压缩机应有烫手的感觉。　　　　　　　(　　)

　　(3)手摸冷凝器时应有能长时间承受的热感。　　　　　　　　　　　　　(　　)

　　(4)压缩机发生故障后，会导致电冰箱不制冷。　　　　　　　　　　　　(　　)

　　(5)压缩机在正常工作时，应有比较大的"嗡嗡"声。　　　　　　　　　　(　　)

任务 4.4　检修电冰箱制冷系统的故障

任务目标：

(1)会维修脏堵、冰堵、油堵故障。

(2)会维修制冷剂内外泄漏故障。

任务分析：

在本任务中，根据电冰箱常见故障现象，通过处理脏堵、冰堵、油堵、制冷剂内外泄漏等故障，掌握维修电冰箱的基本方法。完成这项任务预计需要 90min，其作业流程图如图 4.13 所示。

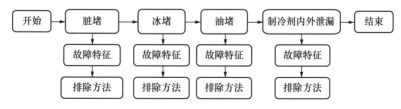

图 4.13　检修电冰箱制冷系统故障的作业流程图

在前面的内容中已经介绍判断电冰箱故障的方法。对电冰箱制冷系统而言，故障表现形式虽然多种多样，但是故障原因多为三种，即压缩机故障、漏故障、堵故障。下面介绍电冰箱制冷系统的堵、漏典型故障。

实践操作：电冰箱制冷系统故障维修

1 排除脏堵故障

1）脏堵的故障特征及产生原因

电冰箱出现脏堵时，其故障现象主要表现为不制冷、制冷效果差、不停机、断电停机后再无法起动等现象。造成脏堵的主要原因有干燥过滤器失效、毛细管内壁堆积脏物和部件损坏等。

图 4.14　检查脏堵的部位

2）脏堵故障的检查与排除

脏堵一般发生在干燥过滤器或毛细管初段。在刚开机时特别容易判断，可以用手触摸压缩机排气管温度，如果开机时温度高，过一会就下降，这就说明有脏堵故障。具体脏堵部位的判断可以通过断开毛细管来检查，如图 4.14 所示。

（1）判断堵塞部件：在靠近干燥过滤器处断开毛细管，如干燥过滤器断口处有制冷剂喷出，说明是毛细管堵塞，否则是干燥过滤器堵塞。

（2）检修方法：如果是毛细管堵塞，则给压缩机加挂工艺表阀，并从工艺管处加入 0.6MPa 左右的氮气进行逆程排堵，将污物从毛细管口处吹出；如果是干燥过滤器堵塞，则需要更换干燥过滤器。

提　示

维修时的注意事项和质量要求。

（1）在进行维修时要先排出制冷剂，确认排除干净后，才可进行焊接操作。

（2）在对毛细管进行吹污操作时，要先确定排气通畅后，才可恢复毛细管。

（3）毛细管出现脏堵，一般都是由于干燥过滤器失效造成的，排除故障时应同时更换干燥过滤器。

（4）在更换干燥过滤器时，要先在干燥过滤器初段钻一小孔，放出高压制冷剂才能进行焊接，在更换时还要注意规格和型号应匹配。

想一想：一台双门电冰箱刚开机时，触摸压缩机排气管很热，但一会儿就没有热度了，冰箱也不制冷，可能是什么故障呢？

2 排除冰堵故障

1）冰堵的故障特征及产生原因和检查方法

电冰箱出现周期性的制冷与不制冷的故障现象时，一般就是电冰箱出现了冰堵。产生冰堵的主要原因是电冰箱制冷系统所含水分过多，过多水分进入毛细管，在其出口处结冰，造成冰堵。检查时可用热毛巾对毛细管进行加热，再仔细听蒸发器中制冷剂流动的气流声，如果蒸发器中出现由没有气流声到有气流声的转变，则可以判断故障为冰堵；如果电冰箱在维修制冷系统过程中，发现与压缩机工艺管连接的真空压力表一会儿显示负压，一会儿表压正常，这时也可以判断故障为冰堵。

2）冰堵故障的排除

确认冰堵故障后，应将制冷系统部件拆下，在100～105℃温度下加热干燥24h。然后将部件装回，起动压缩机对制冷系统进行排空和干燥，同时用碳化大火焰对冷凝管、压缩机壳进行移动式加热，驱走水分，当排气口处明显感到排气很干燥无潮湿感即可，如图4.15所示。

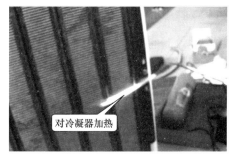
图4.15　对冷凝器加热

提示

在维修时，首先要确定系统中无泄漏点，然后对系统分段进行"气洗"，让氮气带走水分和空气。要延长抽真空时间和压缩机运行抽真空时间，保证抽真空质量。如果是严重冰堵故障，应更换冷冻油和干燥过滤器。

想一想： 一台电冰箱出现不制冷故障，并已查找出漏点在蒸发器出口端。进行补漏及修复完毕后试运行，仍不制冷，可能还有何原因？

3　排除油堵故障

1）油堵的故障特征及产生原因和检查方法

电冰箱制冷系统出现油堵，一般表现为制冷效果差、压缩机工作不停机等现象。产生这种故障的原因是，冷冻油变质，油泥状物质堆积在毛细管内部或蒸发器管道贮液器，引起堵塞。检测时将电冰箱接通电源，听蒸发器内是否发出"咕咕"的吹油泡声，如果有，可确定为油堵，否则不是油堵。

2）维修油堵故障

油堵一般发生在毛细管中，因此先割开蒸发器管口，如图4.16所示，然后再对制冷系统进行处理。

图4.16　割开蒸发器管口

割下进入箱体一端的毛细管，封住干燥过滤器出口。从工艺管口加入0.6MPa左右的氮气，把蒸发器残存的冷冻油从管口吹出。注意适当延长"气洗"时间直至无油喷出，再用气焊焊下干燥过滤器，提高压力至0.8MPa。对冷凝器管道进行"气洗"。最后拆下压缩机，更换冷冻油，更换干燥过滤器和毛细管即可。

提 示

严格按操作规范，把管道内的残存冷冻油吹出。严重的油堵要适当提高压力和延长"气洗"时间，确保出口处无油吹出。要重点排除蒸发器内部的残油。

电冰箱出现了油堵故障后，一般要更换冷冻油和干燥过滤器。操作时，注意不要出现焊堵和焊漏的情况，避免造成新的故障。

4 排除制冷剂内外泄漏故障

1）泄漏的故障特征及产生原因和检查方法

制冷剂泄漏后，可造成电冰箱不制冷或制冷不足，手触摸冷凝器不发热或一半热一半凉等现象。有的电冰箱可同时出现几处泄漏点，维修时应特别注意仔细保压排查。保压不合格的电冰箱肯定还有其他漏点未排除，很有可能是内漏，此时应分段进行保压，以便确认，如出现内漏则要开背进行维修。产生泄漏故障的原因有制冷系统质量问题或使用不当造成管道接口部位发生裂缝、漏洞，从而造成制冷剂泄漏，产生电冰箱不制冷或者制冷不足的故障现象。要仔细检查制冷系统管道是否有油渍出现。检查时可以用肥皂水（泄漏点冒泡）、卤素检漏灯（泄漏点火焰呈紫色）、电子检漏仪（泄漏点声音变大发声频率变快）来测试，从而找出泄漏点。为了检漏现象反应明显，在检查前，可先给系统加氮气保压，再对裸露在外的管道，特别是接头部位进行检漏。

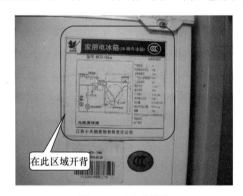

在此区域开背

图 4.17 开背维修

2）制冷剂内外泄漏故障的排除

（1）制冷剂内漏故障主要以蒸发器泄漏为主，处理方法一般是开背维修，如图 4.17 所示。开背时，用砂轮机按事先画好的线条去掉外铁皮，注意不能伤及内部导线、管路等。去掉发泡隔热层，露出蒸发器管道和接头部位，进行检漏，确定漏点。进行焊补或粘胶补，经试压无漏后，再恢复原状。另一种方法是用铜管在冷冻室内重新缠绕一个蒸发器，这种方法的优点是避免开背时对电冰箱造成损坏，但是会减少箱内容积，影响使用。

（2）制冷剂外漏故障的排除：在查找出泄漏点后，应做好记号，然后排空制冷系统内的制冷剂，打开工艺管口，对漏点进行补焊补漏处理，出现严重的管道损坏时，应更换管道。最后进行保压、抽真空并注入制冷剂。

提 示

制冷系统维修对泄漏故障处理要求较高，不允许焊堵管口，造成新的故障。对内漏故障处理的各项工艺要求更高，特别要注意防止出现新的漏点。注意排故后应对电冰箱进行整体恢复。

漏和堵是电冰箱制冷管道系统最易出现的故障，其故障现象均表现为不制冷或制冷不够、不停机。那么，如何区分漏和堵呢？这就要从折断的毛细管口处有无制冷剂喷出，以及喷量的大小来判定。一般来讲，如果工艺管无制冷剂喷出，但靠近干燥过滤器出口的断口处有大量制冷剂喷出，就可初步判断为脏堵或油堵。若所有管道无大量气体喷出或没有气体喷出，则可判断为泄漏故障。液堵或冰堵工艺管切断后，有制冷剂喷出。

📖 **做一做**

电冰箱不制冷了，应如何排除电冰箱故障？

5 换冷冻油

制冷系统在正常运行时，虽然消耗的冷冻油极少，但在检修过程中会损失一部分，新的电冰箱在工作一定时间后由于摩擦产生的金属粉末会污染冷冻油，系统内若含有水分和杂质，也会使冷冻油恶化变质。当遇到这类情况时，则需要更换冷冻油。

全封闭压缩机因有往复式和旋转式的不同，其灌油方法也不同。全封闭式压缩机由于没有视油镜，很难判断是否缺油，一般在修理时倒出原有冷冻油后，重新灌油时应多加10％的油。若压缩机没有进行开壳维修，可在系统抽真空后在工艺管处吸入冷冻油。表4.7为压缩机灌油量参考值。

表 4.7 压缩机灌油量参考值

压缩机制冷量/W	122	183	367	551	736	1102	1407	2205
油量/L	0.20	0.35	0.50	0.75	1.5	2.0	2.0	2.5

1)往复式压缩机充灌冷冻油的步骤

(1)将冷冻油倒入清洁、干燥的油桶内。

(2)用一根清洁、干燥的软管接在低压管上，软管内先充满油，排出空气后将其插入桶中。

(3)起动压缩机，冷冻油可由低压管吸入。

(4)按需要量充入后即可停机。

2)旋转式压缩机充灌冷冻油

(1)将冷冻油倒入清洁、干燥的油桶中。

(2)将压缩机的低压管封死。

(3)在压缩机的高压管上接一只复合式压力表和真空表。

(4)起动真空泵将压缩机内部抽成真空。

(5)将高压阀关闭。

(6)开启低压阀，冷冻油被大气压压入压缩机，充至需要量即可。

💡 **提示**

在全封闭压缩机充灌冷冻油的过程中，若高压管喷出雾状油滴，可将高压管插入事先准备好的杯子中。充入冷冻油后，切不可立即用焊具焊接压缩机，以免压缩机内空气受热膨胀导致爆裂，因此必须先将压缩机外壳焊接好，并进行检漏后方可灌油。

6 操作评价

前面介绍了如何处理电冰箱制冷系统故障，根据完成的情况按表4.8进行评价。

表 4.8　电冰箱脏堵故障检修情况评价表

序号	项目	测评要求	配分/分	评分标准	自评/分	互评/分	教师评价/分	平均成绩/分
1	脏堵的判断	1. 说清脏堵故障的现象及故障部件 2. 说清脏堵排故方法	20	1. 不能正确判断出现脏堵现象，扣10分 2. 不能正确判断脏堵的位置，扣10分				
2	切割与焊接	1. 遵守切割压缩机工艺管规范 2. 管道焊接无堵塞、沙眼、气孔或烧穿等现象	30	1. 切割压缩机工艺管不当，扣10分 2. 管道焊接不当，扣20分				
3	连接三通检修阀、抽真空	连接三通检修阀、真空泵正确	10	1. 与三通检修阀、真空泵连接错误，扣5分 2. 抽真空操作不当，扣5分				
4	清洁制冷系统、充注制冷剂	1. 吹垢彻底、干净 2. 充注制冷剂量符合要求	30	1. 吹垢不净，扣10分 2. 充注制冷剂动作不正确，扣10分 3. 制冷剂充注过多或过少，扣10分				
5	试运行和封口	1. 试运行检查到位 2. 封口正确	10	1. 试运行马虎，扣5分 2. 封口不严，扣5分				
安全文明操作		违反安全文明操作规程(视实际情况进行扣分)						
开始时间		结束时间		实际时间		成绩		
综合评价意见(教师)								
评价人				日期				
自评学生				互评学生				

理论知识：电冰箱检修前的接待和咨询工作

1　电冰箱检修前的接待工作

1)热情接待顾客

作为制冷设备维修工，维修的多是家用制冷设备，所以会不断有顾客登门请求服务。当有顾客登门时，应主动热情地说："您好，欢迎您的光临！您有什么事情吗?"这时，顾客就会说明来意。无非是两种情况，一是要购买制冷设备的零配件；二是要求维修已损坏的电器。对于第一种情况，应热情帮助顾客挑选满意的零配件，若无现货，应主动说明到货的时间，或者和顾客约定登门送货。对于第二种情况，有两种可能，若顾客已将准备维修的电器带来，则应主动从运输工具上把电器抬到室内，并根据电器的损坏情况和顾客洽谈维修事宜；若顾客不便搬运电器，则应主动询问电器的损坏情况，并和顾客约定登门服务的时间。当顾客得到满意的服务或答复后离开时，应使用"谢谢您的合作""请多提宝贵意见""欢迎您再来"等文明用语。

2）工作人员的着装、仪表和文明用语

工作人员应着统一工作服，若无统一的工作服，应穿着朴素大方，不能穿奇装异服，也尽量不要穿着时装。男同志不应留长发，不蓄胡须，不戴墨镜；女同志不要化浓妆，尽量不戴饰物。行为举止应做到落落大方，不卑不亢。

顾客登门有可能买到零配件，或双方就维修事宜洽谈成功，也有可能没有买到满意的零配件，或双方就维修事宜没有洽谈成功。无论哪种情况，从顾客登门到顾客离去的整个过程中，工作人员都应使用"您好""欢迎您的光临""您有什么事情""我能帮您做什么？""谢谢您的合作""请多提宝贵意见""欢迎您再来"等文明用语。特别是在顾客没买到满意的零配件或双方就维修事宜没有洽谈成功时，工作人员更应该使用"对不起""不要紧""没关系"等文明用语，以缓解双方尴尬的局面。

2　电冰箱检修前的咨询工作

1）主动介绍服务项目及收费标准

把顾客迎进门，在了解顾客的意图后应主动地介绍服务项目及收费标准，如零配件的价格、对电器的各种维修费用等，并帮助顾客挑选最满意的零配件或选择最佳的维修方案。同时，帮助顾客解决一些细微的问题，如是否需要维修的小工具，是否需要旋钮、螺钉等细小的物品等，使顾客高兴而来满意而去。

2）解答顾客所提问题

在双方洽谈的过程中，顾客会提出一些问题，包括价格问题和一些具体的技术问题。对价格问题应向顾客解释清楚收费的依据。对于提出的技术问题应根据不同情况，给予不同的解答。顾客可以自己维修的简单故障，应向顾客说明维修的方法及注意事项，如电冰箱照明灯的更换、电源插头的更换等；对于有一定维修难度的技术问题，当具备一些维修知识时，应向顾客说明零配件的技术性能及维修过程中简单的方法，如温控器的更换；对于比较复杂的技术问题，应使用最通俗、最简单的语言向顾客解释，并帮助顾客分析电器损坏的原因和电器的正确使用方法。

3）大致判断故障部位

对于已经损坏的电器，不要急于通电检查，应首先向顾客询问电器近期的使用情况，发生故障时的现象。然后根据情况，有针对性地通电检查，就可以大致判断出故障部位，为制定维修方案找到技术依据，并据此向顾客说明收费情况。

4）为顾客开具维修单据

经过以上的接待工作，双方就维修事宜达成协议，这时要为顾客开具维修单据，并注明时间，若需要收取押金则应为顾客开具现金收据。顾客取件时要为顾客开发票。对于需上门修理的电冰箱，应在维修单据上注明上门维修的时间、双方的联系电话、顾客的住址等。

任务小测

1. 填空题（每题 10 分，共 50 分）
   (1) 电冰箱制冷系统常见故障有＿＿＿、＿＿＿、＿＿＿等。
   (2) 冰堵发生的原因是＿＿＿＿＿＿＿＿＿＿＿＿。
   (3) 电冰箱发生脏堵故障的现象是＿＿＿＿＿＿＿＿＿＿。
   (4) 电冰箱发生冰堵故障的现象是＿＿＿＿＿＿＿＿＿＿。
   (5) 油堵一般发生在＿＿＿＿＿＿。

2. 判断题（每题 10 分，共 50 分）
   (1) 脏堵一般发生在干燥过滤器或毛细管初段。（　　）
   (2) 在上门维修电冰箱时，应在维修单据上注明上门维修的时间、双方的联系电话、顾客的住址等。（　　）
   (3) 在维修电冰箱时，比较复杂的技术问题，可以不用向顾客解释。（　　）
   (4) 压缩机充入冷冻油后，应立即用焊具焊接。（　　）
   (5) 制冷系统维修过程中，对处理泄漏故障要求较高，不允许焊堵管口，造成新的故障。（　　）

任务 4.5　检修电冰箱电气控制系统的故障

任务目标：

(1) 会识读电冰箱电路原理图。
(2) 会检修由电气系统引起的电冰箱不制冷故障。
(3) 会检修由电气系统引起的电冰箱不停机故障。

任务分析：

根据电冰箱铭牌自带的电路图，对由电气系统故障引起的电冰箱不制冷、不停机两种常见故障进行检修，通过完成本任务，学会处理电冰箱电气系统的常见故障。完成这项任务预计需要 90min，其作业流程图如图 4.18 所示。

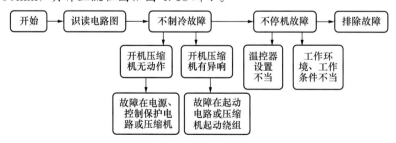

图 4.18　检修电冰箱电气控制系统的作业流程图

前面已经对电冰箱制冷系统的故障进行了介绍，但是当电冰箱电气控制系统出现故障时，也会导致电冰箱不能正常工作。因此，还必须了解电冰箱常见的电气系统故障。图 4.19 所示为工人正在对电冰箱电气控制系统进行检测。

图 4.19　工人对电冰箱电气控制系统进行检测

实践操作：电冰箱电气控制系统故障的检修

1　识读电冰箱电路原理图

对电冰箱电气控制系统故障进行检修前，要对所修电冰箱电路有所了解，因此，要先在电冰箱侧面或背面找到电冰箱电路原理图。

直冷式电冰箱电路原理图如图 4.20 所示，主要包括门控灯电路和压缩机控制电路两个部分。门控灯电路包括箱内照明灯和灯开关。压缩机控制电路包括热补偿器、温控器、起动继电器、起动电容器、保护继电器和压缩机起动绕组。

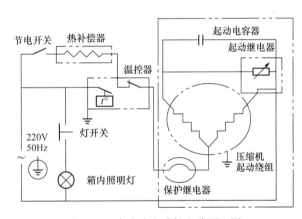

图 4.20　直冷式电冰箱电路原理图

工作原理：电冰箱通电后，一方面，220V 的电压经热补偿器、再经温控器给压缩机供电，此时压缩机得电，开始运行，制冷系统开始工作，电冰箱内温度逐渐下降。当电冰箱内温度达到设定温度时，温控器触点断开，压缩机断电，停止运转。随着时间推移，电冰箱内温度又逐渐升高，温控器吸合，又重新给压缩机供电，制冷系统又开始制冷。另一方面，220V 的电压经灯开关，给箱内照明灯供电。当箱门打开时，灯开关闭合，照明灯亮；箱门闭合时，灯开关断开，照明灯灭。

2　检修不制冷故障

在电冰箱故障中，很多故障都表现为不制冷（如堵故障、漏故障、电气系统故障等），这里针对电冰箱电气系统故障引起的不制冷故障进行检修，其检修步骤如下。

插上电源插座，用手摸电冰箱后盖压缩机位置，感觉有无压缩机起动运行时的振动现象。若有，则可直接跳至最后一步；若压缩机无动作也无"嗡嗡"异响，则检查插座板供电220V是否正常：若无供电，查外电路，若供电正常，则进行下一步检修。

检查温控器旋钮开关位置是否正确。若为"0"是温控器设置不当，应将其旋至合适位置即可排除故障；若温控器设置正确，则进行下一步检修。

拔下温控器接线头短接，看压缩机是否能正常起动。若能起动，说明温控器内部触点开路，应更换温控器；若不能起动，则进行下一步检修。

检查温控器以及门控灯部分的电路是否连接好，是否存在开路。若存在开路故障，应将其恢复；若连接正常，则进行下一步检修。

检查压缩机保护外壳打开后接线端子与PTC元件、过载保护器的连接，以及接线端子与温控器、门控电路的连接，若连接正常，则进行下一步检修。

拔出保护继电器，检测保护继电器是否开路。若保护继电器正常，同时连接正常，则进行下一步检修。

检测压缩机起动绕组。发现压缩机起动绕组烧毁开路或对机壳短路，说明压缩机有故障，应更换压缩机。

PTC元件

若压缩机不动作，但发出"嗡嗡"异响，应先检查是否外电源电压过低。若外电源正常，则检测起动电路。

检查起动电容器是否开路或者严重漏电，PTC元件是否开路，压缩机起动绕组是否开路。

＊提示

(1)进行第1步时，若出现熔丝烧断而导致无供电的故障，要先检查是否后级短路或电源电压太高。

(2)由于第2步和第5步连接线较多，在进行这两步时，需要断开线头检测，一定要做好标记，记清连接点，不要弄错了。

(3)进行第6步时，过载保护器处于保护状态断开后，要经过一段时间才能恢复，此处注意不要误判。

█ 3　检修不停机故障

电冰箱出现不停机现象不一定就是元器件损坏。电冰箱的使用不当也有可能导致电冰箱出现不停机现象，这种情况下的检修方法见表4.9。

表4.9　由于电冰箱的使用不当出现不停机故障检修

故障现象	故障原因	排除方法
不停机	电冰箱放置的环境温度太高	调整电冰箱至通风散热的位置
	电冰箱内放入的食品过多	调整食品的放置次序、减少放置食品的数量
	电冰箱的门封老化，保温效果差	更换电冰箱的门封
	电冰箱的蒸发器霜层太厚	定时或及时除霜
	温控器设置不合适	调整设置

排除如表4.9所示故障后，电冰箱仍然出现不停机故障则怀疑故障可能由元器件损坏引起。

故障原因一：若关上冰箱门时箱内照明灯不熄灭，一直散热，导致不停机，就要对门控灯电路进行检测。若是门控开关坏，要更换门控开关或修复开关弹簧。

故障原因二：看是否是温控器触点粘连。若是温控器故障，可维修或更换温控器。

做一做

修一台不制冷故障的电冰箱和一台不停机故障的电冰箱，检测一下自己的技术水平和能力。

4 操作评价

对检修电冰箱电气控制电路的方法掌握情况进行评价，填写表4.10。

表4.10 电冰箱电气控制电路的检修情况评价表

序号	项目	测评要求	配分/分	评分标准
1	不制冷	1. 掌握电冰箱不制冷故障排障流程 2. 准确找出故障点 3. 排除故障	50	1. 熟悉流程，能找出故障点，得15分 2. 能排除故障，得35分
2	不停机	1. 掌握电冰箱不停机故障排障流程 2. 准确找出故障点 3. 排除故障	50	1. 熟悉流程，能找出故障点，得15分 2. 能排除故障，得35分

理论知识：电冰箱典型电气控制电路

电冰箱典型的电气控制电路有以下三种。

1）直冷式电冰箱电路

（1）组成。直冷式单门电冰箱电路由温控器、保护继电器、压缩机起动绕组、重锤式起动继电器、起动电容器、箱内照明灯、门开关等组成，如图4.21所示。

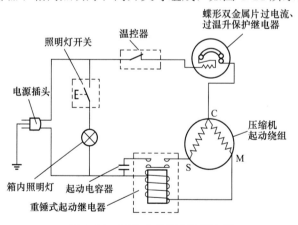

图4.21 直冷式单门电冰箱电路

（2）特点。该电路采用重锤式起动继电器和蝶形双金属片过电流、过温升保护继电器分开的形式，起动方式为电阻分相式，不仅可对压缩机进行过载保护，而且还进行过温升保护。该电路采用了半自动融霜温控器或按钮除霜温控器。容积大的电冰箱，多采用电容器起动式，即在起动绕组与重锤式起动继电器定触点间串接一个起动电容器。

2)直冷式双门电冰箱电路

对直冷式双门电冰箱电路，以常见的直冷式电冰箱电气控制电路为例进行说明。

(1)组成。直冷式双门电冰箱电路组成与单门电冰箱类似，只是温控器发生了变化。直冷式双门电冰箱电路如图 4.22 所示。

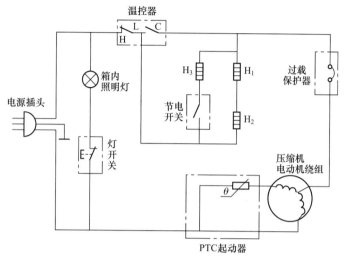

图 4.22　直冷式双门电冰箱电路

(2)特点。该电路采用 PTC 元件起动。电路特点有两个：一是使用了定温复位型温控器，这种温控器通常放置于冷藏室内，感温管与冷藏室蒸发器相接触，不管电冰箱停机温度高低如何，开机温度总是保持恒定的。一般每次停机后待冷藏室蒸发器温度上升至+5℃左右时再开机，这样冷藏室蒸发器就总能保持无霜状态。二是安装了节电开关，目的是在冬天，当环境温度比电冰箱冷藏室温度还低时接通 H_3，对冷藏室温度进行补偿，使温控器触点得以顺利闭合，而夏天则断开此开关。

3)间冷式双门电冰箱电路

(1)组成。间冷式双门电冰箱电路由压缩机控制电路、自动融霜控制电路、风扇控制电路和照明控制电路等组成，如图 4.23 所示。

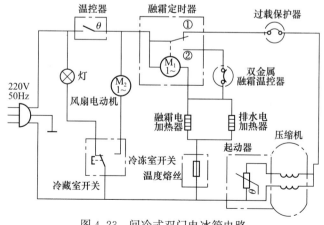

图 4.23　间冷式双门电冰箱电路

169

（2）工作原理。当接通电源后，压缩机通电开始运转，此时融霜定时器中的微电动机 M_1 与压缩机开始同步运行。当压缩机运行达到预定时间(8～12h)后，融霜定时器的触点①断开，压缩机随之停机；触点②接通，立即接通双金属融霜温控器。由于双金属融霜温控器的内阻很小，可忽略不计，故把融霜定时器的微电动机 M_1 短路，电压全部加到融霜电加热器和排水电加热器上，对蒸发器进行加热融霜。蒸发器上的凝霜全部融完后，蒸发器的温度上升，当上升到融霜温控器的触点跳开温度(一般为13℃±3℃)时，触点跳开，于是切断了融霜电加热器的电源，停止加热。与此同时，融霜定时器中的微电动机 M_1 开始转动，带动其内部凸轮转动，使融霜定时器的开关触点复位，即触点②断开，触点①接通，压缩机重新开始运转，蒸发器的温度逐渐下降。蒸发器温度降至双金属融霜温控器的复位温度(一般为−5℃)时，双金属融霜温控器复位接通，为下一次融霜做好准备。这样就实现了周期性的全自动融霜控制。

温度熔丝是当融霜停止、温控器失效时起作用。另外，门开关有冷藏室门开关和冷冻室门开关两个。冷藏室门开关控制冷藏室照明灯，门打开时开关闭合，灯亮，反之灯灭。冷藏室和冷冻室门开关还同时控制风扇电动机 M_2，当制冷运行时，门关闭，风扇电动机工作，反之风扇电动机不工作。

任务小测

1. 填空题(每题10分，共50分)

(1)电冰箱电气系统常见故障有_____、_____等。

(2)在检测门开关时，按住开关，接点_____，松开开关，接点_____，说明开关正常。

(3)电冰箱的蒸发器霜层太厚，导致电冰箱不制冷时，应_____。

(4)温控器设置不当，导致电冰箱不制冷时，应_____。

(5)电冰箱出现不停机故障，可能的原因有_____、_____、_____、_____、_____。

2. 判断题(每题10分，共50分)

(1)照明灯不亮的故障主要是灯开关的接点接触不良所致。   （   ）

(2)电冰箱放置的环境温度太高，也可能会出现电冰箱不停机故障。   （   ）

(3)电冰箱不制冷不一定是制冷系统故障，电气系统故障也可能会导致电冰箱不制冷故障。   （   ）

(4)温控器的触点开路不会导致电冰箱不制冷。   （   ）

(5)温控器触点粘连会导致电冰箱出现不制冷故障。   （   ）

项 目 5

家用空调器的选用与维修

　　空调器几乎已进入每个家庭，它可以调节环境温度，给我们提供舒适的环境。空调器的安装、维修等工作需要大量的技术人才。本项目将通过对空调器参数、性能指标、整机结构、主要部件特征、制冷系统和电气控制系统作用与工作原理的学习，带领学生学会家用空调器的选用与维修方法，培养学生严谨、务实的工作态度及节能环保意识。

知识目标 ☞

1. 能说出空调器的分类和选用空调器时参考的主要性能参数。
2. 能讲述空调器上门维修服务规范和注意事项。
3. 能复述空调器的工作原理、变频空调器的组成和工作原理。
4. 能描述空调器的常见故障特征及判断方法。

能力目标 ☞

1. 能熟知选用空调器的主要参数及指标。
2. 能规范拆装家用空调器。
3. 能对常用家用空调器的故障进行诊断、排查和维修。
4. 能对空调器进行移机。
5. 培养耐心、一丝不苟、严谨务实的工作态度及节能环保意识。

安全规范 ☞

1. 工作场所要通风，严禁烟火，严禁放置易燃、易爆物品，远离配电设备，以免发生火灾或爆炸，同时要配备灭火器材。
2. 乙炔钢瓶和氧气钢瓶距离火源或高温热源不得小于10m。乙炔钢瓶和氧气钢瓶之间距离不得小于5m。气瓶要竖立放置，严防暴晒、锤击和剧烈震动。
3. 氧气瓶、连接管、焊炬、手套严禁附着油脂。氧气遇到油脂易引起事故。
4. 焊接操作前要仔细检查瓶阀、连接管及各个接头部分，不得漏气。
5. 开启钢瓶阀门时应平稳缓慢，避免高压气体冲坏减压器。
6. 严禁在有制冷剂泄漏的情况下进行焊接操作。

7. 焊接完毕后，要关闭钢瓶，确认无隐患后才能离去。

8. 安全用电，尽量避免带电操作，如果必须带电操作时须穿电工鞋，尽量单手操作。

9. 室外高空作业前不能饮酒、高空作业时必须系安全带，确保人身安全。

10. 安装设备前务必确认用户插座的零线、火线、地线和空调器插头的零线、火线、地线，并确保一一对应。

11. 空调器必须设独立线路。独立线路必须安装漏电保护器和自动断路器。

12. 空调器必须正确可靠接地，否则可能引起触电或火灾。

13. 在配管和电线未连接好和未仔细检查好之前，不要接通空调器的电源。

任务 5.1　选用空调器

任务目标：

(1)会根据空调器的外形和功能区分空调器的种类。

(2)会使用空调器。

(3)会选择空调器。

任务分析：

本任务要求先从外形上认识空调器，看懂空调器上的各种标识，从而学会根据外形和空调器上的标识选用合适的空调器。要完成这项任务预计需要 45min，其作业流程图如图 5.1 所示。

图 5.1　选用空调器的作业流程图

走进电器商场，各种各样的空调器琳琅满目，应如何去选择空调器呢？下面将对空调器进行基本介绍，同时介绍选择空调器的方法。

实践操作：空调器的选用

1　家用空调器的外形结构

空调器从外形结构上可以分为窗式空调器、壁挂式空调器、落地式空调器等。

1)窗式空调器

窗式空调器(又称窗机)的外形如图 5.2 所示，它的结构特点是内外热交换器封装在一个整体里，分居墙的内外两侧。由于室内机和室外机没有分开，所以，窗式空调器在运行过程中噪声较大。窗式空调器在工作时，室内热空气被离心风扇经左侧面板吸入，经蒸发器冷却后通过风道从右侧出风口送出。窗式空调器一般用在面积较小的房间里。

2)壁挂式空调器

壁挂式空调器(又称挂机)的外形如图5.3所示，它是将室内热交换器和室外热交换器分开，克服了窗式空调器噪声大的缺点，室内机的外形也更加美观。壁挂式空调器在工作时，空气从进风口由贯流风扇吸入空调器内部，经室内蒸发器冷却后从下侧出风口送出。壁挂式空调器一般用在面积较小的房间，如卧室。

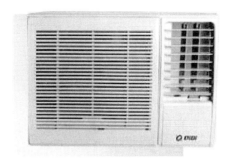

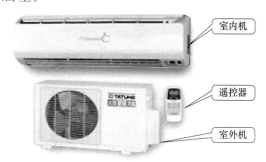

图5.2　窗式空调器　　　　　　　　　图5.3　壁挂式空调器

3)落地式空调器

落地式空调器(又称柜机)的外形如图5.4所示，因为将室内热交换器和室外热交换器分开，所以噪声很小。落地式空调器在工作时，空气从进风口由离心风扇吸入，经风道进入蒸发器冷却后从上部出风口送出。一般情况下，落地式空调器用在面积较大的房间，如客厅。

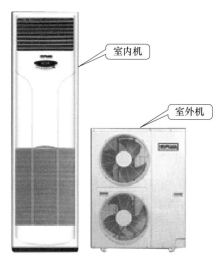

图5.4　落地式空调器

> **提 示**
>
> 　　窗式空调器通常安装在房间窗户处，或在房间内墙上开设专用洞口安装。壁挂式空调器和落地式空调器统称为分体式空调器，分体式空调器分成室内机和室外机两部分，通过管道连接而成。

想一想： 同学们见过哪些类型的空调器呢？自己家的空调器是哪种类型？

2 空调器的型号

按照房间空调器的国家标准规定，其型号可表示如下。

$$\square\ \square\ \square-\square\ \square\ \square\ \square/\square$$
$$1\quad 2\quad 3\quad 4\quad 5\quad 6\quad 7\quad 8$$

1——产品代号，用 K 表示房间空调器。

2——气候类型代号（常省略），用 T_1 表示通用气候类型空调器；T_2 表示适合低温气候条件下使用的空调器；T_3 表示满足高温条件下使用的空调器。

3——结构形式代号，整体式（窗式）用 C 表示；分体式用 F 表示。

4——功能代号，冷风型代号省略，热泵型用 R 表示，电热型用 D 表示，热泵辅助电热型用 Rd 表示。

5——额定制冷量，用阿拉伯数字表示，其值取额定制冷量的前两位数字。

6——分体式室内机组代号，壁挂式用 G，嵌入式用 Q，吊顶式用 D，落地式用 L 等。

7——分体式室外机组代号，用 W 表示。

8——工厂设计序号或特殊功能代号，工厂设计序号：用 A、B 等大写英文字母表示，变频空调器用 BP 表示（B、P 分别为汉语拼音"变"和"频"的第 1 个字母）。

例如，某空调器型号为 KFR－35GW/A，表示分体式热泵型壁挂式房间空调器（包括了室内机组和室外机组），制冷量为 3500W，第 1 次改型设计；KFR－50L/BP 表示分体式热泵型落地式变频房间空调器室内机组。

想一想： 请查找出你家的空调器型号，并填写下来：＿＿＿＿＿＿＿＿＿＿。

3 空调器的使用方法

1）空调器遥控器的使用

空调器的种类、品牌、生产厂家有很多。各种空调器的使用方法大同小异。下面以某品牌 KFR－25GW/57DN 空调器为例介绍空调器的使用方法，其空调器遥控器及功能按钮如图 5.5 所示。

（1）遥控器开机/关机。把空调器的电源插头接插在空调器专用电源插座上，遥控器上的运行/停止按钮如图 5.6 所示，按一下开机按钮（开始运行），再按一下关机按钮（停止运行）。

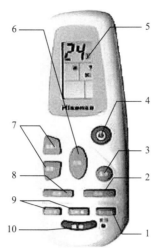

1—预约/取消按钮；2—风向调节按钮；3—高效运行按钮；4—运行/停止按钮；5—液晶显示屏；
6—方式选择按钮；7—温度设定按钮；8—风速调节按钮；9—定时开/关机按钮；10—睡眠按钮。

图5.5　空调器遥控器及功能按钮

（2）温度设定。在遥控器上按下"温度＋"和"温度－"按钮可以设定温度，如图5.7所示。每按一次"温度＋"按钮温度上升1℃，每按一次"温度－"按钮温度下降1℃。

图5.6　运行/停止按钮　　　　　　　图5.7　温度设定按钮

（3）运行模式设定。在遥控器上连续按下方式选择按钮，如图5.8所示，可以选择空调器运行于自动、制热、除湿、制冷等运行模式。按一次方式选择按钮，运行模式变换一次，四种模式循环进行。

（4）风扇速度的设置。遥控器上风扇速度设置分为自动和手动设置。

①自动风扇速度设置。在遥控器上按下风速调节按钮，如图5.9所示，将风速设定成自动控制状态，此时空调器的微型计算机根据所检测的室内温度和所设定的温度，自动选择最佳风扇转速。

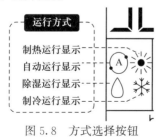

图5.8　方式选择按钮　　　　　图5.9　风速调节按钮及自动风速运行图标

②手动风扇速度设置。根据个人的需要，可以在遥控器上按风速调节按钮设定自己所需要的风速，不同风速有不同的图标，如图5.10所示。

图5.10 可以手动设置的三种风速

(5)气流方向的设置。可采用手动调节水平气流方向，遥控调节垂直气流方向，具体操作如下。

①手动调节水平气流方向，如图5.11所示。在空调器室内机出风口处，能够看到一排垂直导风叶片，通过手动左右拨动这排导风叶片，可以调节水平气流的方向。

②遥控调节垂直气流方向，如图5.12所示。在空调器室内机出风口处，能够看到一排水平导风叶片，通过遥控器上的风向调节按钮如图5.12所示，设定水平导风叶片的位置，可以调节垂直气流方向，有扫掠方式和自动方式两种。其中，扫掠方式是风门叶片上下自动转动，将气流送到尽可能大的范围；自动方式是空调器可以自动调节气流方向。

图5.11 手动调节水平气流方向

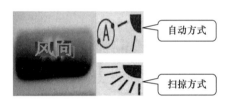

图5.12 风向按钮及方式图标

(6)定时设置。定时设置分定时开机和定时关机设置，具体方法如下。

①定时开机设置。按"定时开"按钮，可设定空调器在关机状态下经过设定的时间后，自动开始运行。

②定时关机设置。按"定时关"按钮可设定空调器在开机状态，经过设定的时间后，自动停止运行。

取消方法：按"预约/取消"按钮，定时时间和ON/OFF标志从屏幕上消失，定时开机/关机功能取消。

(7)睡眠运行设定。在制冷、制热、除湿三种运行模式中按下"睡眠"按钮，空调器将会自动调节设定温度以节约电力，使房间温度在人体睡眠时达到最舒适状态。取消睡眠方式则再按一次"睡眠"按钮即可。

★提示🖍

自动状态下，睡眠功能不起作用。

(8)高效运行设置。高效运行可以提高空调器的冷热量输出，在冬天、夏天外出刚回家时使用，可迅速改变环境温度。

设定方法：在制冷、制热、除湿状态下，轻轻按动遥控器上的"高效"按钮，听到一声"嘀"响，显示屏上"高效"指示灯亮，提示空调器进入高效运行状态。高效运行持续时间最长为15min。

取消方法：在高效运行状态下再按一次"高效"按钮，听到一声"嘀"响即可。

2)无遥控器时起动、关闭空调器

如果遥控器遗失或有故障时请按下列步骤进行操作。

起动空调：如果希望打开空调器，只需把空调器电源断开3min以上，然后接通电源，打开进气格栅，轻轻一按室内机上的"应急开关"按钮即可，如图5.13所示。此时，空调器将自动根据室温确定运行方式。

应急开关

图5.13 应急开关按钮位置

关闭空调器：如果希望关闭空调器，也只需轻轻按室内机上的"应急开关"按钮即可。

提 示

每次按"应急开关"按钮的时间不可太长，否则空调器会进入非正常运行状态。

想一想：自己家的空调器遥控器有哪些功能？

4 选用空调器

1)根据房间面积选择空调器

目前市场上有关空调器制冷量的大小是以瓦(W)来表示，而市场上人们常用"匹"来描述空调器制冷量的大小。这二者之间的换算关系为：1匹的制冷量大约为2 000kcal/h(1kcal=4.186kJ)，换算成国际单位瓦应乘以1.162h·W/kcal，故1匹制冷量应为2 000kcal/h×1.162h·W/kcal=2 324W。同理，1.5匹的制冷量应为2 000kcal/h×1.5×1.162h·W/kcal=3 486W。

通常情况下，家庭普通房间每平方米所需的制冷量为115～145W，客厅、饭厅每平方米所需的制冷量为145～175W。比如，某家庭客厅使用面积为15m^2，若按每平方米所需制冷量160W考虑，则所需空调器制冷量为160W×15＝2 400W。这样，就可根据所需2 400W的制冷量对应选购具有2 500W制冷量的分体壁挂式空调器。

2)根据性能系数选择空调器

性能系数也称为能效比，即一台空调器的制冷量与其耗电功率的比值。通常，若空调器的能效比接近3或大于3就属于节能型空调器。例如，一台空调器的制冷量是2 000W，额定耗电功率为640W，另一台空调器的制冷量为2 500W，额定耗电功率为970W。分别计算两台空调器的能效比值。第一台空调器的能效比：2 000W/640W＝3.125，第二台空调器的能效比：2 500W/970W＝2.58。通过两台空调器能效比值的比较可看出，第一台空调器即为节能型空调器。为降低碳排放，响应国家节能环保号召，节能型空调器应为首选。

3）根据质量选择空调器

质量好的空调器使用时间长，但价格也贵。买空调器决不能仅图便宜，还要看产品的质量。一般从以下几个方面衡量空调器的质量。

（1）是否使用名牌压缩机，压缩机是空调器的心脏，好的压缩机当然重要。

（2）是否使用优质高效热交换器，如亲水膜梯形铝片、内螺纹铜管等。

（3）是否采用不等距贯流风叶大风轮和步进电动机驱动风摆，实现超静音设计。

（4）是否是超强制冷（热），快速达到设定温度。

（5）产品的外形是否美观，是否同家居环境和谐统一。

（6）产品的制冷（热）量，根据房间的面积选择合适的制冷（热）量。

（7）产品是否省电，一般来说，制冷（热）量越高、输入功率越低的产品越省电。

（8）是否采用微型计算机模糊控制，实现不停机运转，是否能自动除霜。

（9）是否有低电压自动补偿功能，是否有宽电压工作范围。

另外，购买空调器时要看蒸发器、冷凝器的肋片是否排列整齐，翻片是否无破损，肋片与紫铜管是否联结紧密、不松动。检查空调器运行情况，起动空调器看压缩机运行中有无异常杂音；风扇运转是否正常，高、中、低风速是否有明显区别，噪声要小；外观平整、美观、镀件质量好。

 做一做

到电器商场，看一看空调器有哪些种类？应该怎样去选择？

5 操作评价

请评价认识与选择空调器的方法的掌握程度，填入表5.1中。

表5.1　认识与选用空调器技能评价表

序号	项目	配分/分	评价内容	自评/分	互评/分	教师评价/分	平均成绩/分
1	认识空调器	50	1. 能根据空调器外形结构，说出空调器的种类，得15分 2. 能说出空调器型号 KC－25G 的含义，得20分 3. 能看懂空调器的铭牌，得15分				
2	选择空调器	50	1. 会选择空调器的类型及功能，得20分 2. 会选择空调器的制冷量，得10分 3. 会选择空调器的能效比，得10分 4. 会选择空调器的循环送风量，得5分 5. 会看产品说明书，得5分				

续表

序号	项目	配分/分	评价内容	自评/分	互评/分	教师评价/分	平均成绩/分
	安全文明操作		违反安全文明操作(视其情况进行扣分)				
	额定时间		每超过5min扣5分				
开始时间		结束时间		实际时间		成绩	
综合评价意见(教师)							
评价教师				日期			
自评学生				互评学生			

理论知识：空调器的主要参数和使用注意事项

1 空调器的主要技术参数

1)制冷量

制冷量是指空调器进行制冷运行时，单位时间内从密闭空间、房间或区域内除去的热量，即每小时产生的冷量，其单位为 W(或 kcal/h)。

2)性能系数

性能系数(能效比)是空调器进行制冷运行时，制冷量与制冷所消耗的总功率之比，其单位为 W/W[或 kcal/(h·W)]。

性能系数的物理意义就是每小时消耗 1W 的电能所能产生的冷量数，所以性能系数高的空调器，产生同等冷量，消耗的电能少。

一般工厂产品样本上没有性能系数这项数据，但可用下式进行计算：

性能系数(能效比)＝铭牌制冷量/铭牌输入功率　单位：W/W[或 kcal/(h·W)]

这样计算出来的性能系数比实际运行的性能系数要大，因为实际的制冷量比标称值要小8%。

3)噪声

在分体式空调器中，室内机组的噪声仅由风机产生，所以室内噪声较低。

空调器噪声是在接近标称制冷量的工作情况及风机高速运转条件下，距空调器出风口中心法线 1m 处，距地面约为 1m 处，用声级计测得。

国家标准规定各种规格的空调器的噪声值见表5.2。

表 5.2　各种规格的空调器的噪声值

制冷量/W(或 kcal/h)	室内侧噪声/dB	室外侧噪声/dB
＜2 500(2 150)	≤54	≤60
2 500(2 150)～4 500(3 870)	≤57	≤64
＞4 500(3 870)	≤60	≤68

4）循环风量

循环风量是指空调器在新风门和排风门完全关闭的情况下，单位时间内向密闭空间、房间或区域送入的风量，即房间内侧空气循环量。其单位为 m^3/h（或 m^3/s），即每小时（或每秒）流过蒸发器的空气量，这是个十分重要的参数。

如果循环风量过小，空气流动缓慢，会导致室内温度不够稳定，制冷或加热效果不佳；但会比较低噪，且比较节能，进出风口的温差也会比较小。

如果循环风量过大，空气流动过快，会导致室内空气冷热不均，让人感觉不舒适。同时噪声会比较大，且能耗较高；但室内空气交换速度会比较快，制冷（热）效果会更好。

因此，在使用空调时，应该根据实际需要来调整循环风量大小。如果需要快速降温或升温，可以适当提高循环风量；如果需要保持室内温度稳定，可以适当降低循环风量。

2 空调器的使用注意事项

如今，家用空调器已经十分普及，正确使用空调器十分重要，不仅可以在节约用电的同时增加舒适感，还可以延长空调器的使用寿命，减少故障的发生。因此，在使用家用空调器时应注意以下几点。

（1）空调器在使用一年后一定要清洗空调过滤网的积尘。

（2）每天开机的同时开窗通风一刻钟。每年第一次使用时应该多开窗通风一些时间，让空调器里积存的细菌、霉菌和螨虫尽量散发出去。

（3）室内开空调的时间不要太长，最好经常开窗换气，定期向室内注入新鲜空气。

（4）要注意调整室内外温差，一般不超过 8～10℃ 为好。

（5）严禁在房间吸烟。

（6）注意在空调器运转时，千万不要对着它喷洒杀虫剂或挥发性液体，以免发生漏电等事故。

科学实验证明，人体感觉舒适的室内温度，夏季在 24～28℃，冬季在 18～22℃。而在空气相对湿度 50%、温度 25℃ 时，人体感觉是最舒适的。怎样使用空调器才能既舒适又省电呢？下面给出三招。

第一招：不要一味地将空调器温度设置得过低，温度设定适当即可，因为空调器在制冷时，设定温度调高 2℃，就可节电 20%。专家指出，对于静坐或正在进行轻度劳动的人来说，室内可以接受的温度一般为 27～28℃。所以在这种情况下，可以将空调器设定为睡眠挡，以节省用电。

第二招：选择制冷功率适中的空调器。一台制冷功率不足的空调器，不仅不能提供足够的制冷效果，而且由于长时间不间断地运转，还会缩短空调器的使用寿命，增加空调器出故障的可能性。那么选择制冷功率更大的空调就一定会更好吗？其实也不是。据介绍，如果空调器的制冷功率过大，就会使空调器的恒温器过于频繁地开关，从而使空调器压缩机的磨损增大；同时也会造成空调器耗电量的增加。

第三招：开空调器时关闭门窗。开了空调器的房间不要频繁开门，以减少热空气渗入。同时对于有换气功能的空调器和窗式空调器，在室内无异味的情况下，可以不开门窗换气，这样可以节省 5%～8% 的能量。

任务小测

1. 填空题(每空5分，共50分)

　　(1)空调器的作用是对空气进行_____和_____(简称四度)的处理。

　　(2)制冷量是指_____。

　　(3)空调器按制冷、制热功能可分为_____和_____。

　　(4)空调房间内空气的流动速度对人体的舒适感有很大的影响，一般应使人无吹风感为宜。通常，空调房间气流速度在夏季为_____以下，在冬季为_____以下。

　　(5)在使用空调器时，调整室内外温差，一般使其不超过____℃为好。

2. 判断题(每题10分，共50分)

　　(1)KFR—35W，表示制冷量为3 500W的分体式壁挂式热泵型房间空调的室内机组。　　　　　　　　　　　　　　　　　　　　　　　　　(　　)

　　(2)额定输入功率是指在标准工况下制冷或制热时空调器所消耗的功率。　(　　)

　　(3)对空调器的噪声一般要求低于90dB。　　　　　　　　　　　　　(　　)

　　(4)如果空调器增大风量，必然造成出风温度较高，噪声也将增大。　(　　)

　　(5)空调器风量应选取最大值，以使它发挥最佳效能。　　　　　　　(　　)

任务5.2　安装空调器

任务目标：

(1)会安装空调器。

(2)掌握空调器安装的安全注意事项。

(3)了解上门服务的基本知识。

任务分析：

　　本任务要求安装一台壁挂式定频空调器。需要用到的工具有一字螺钉旋具、十字头螺钉旋具、钳子、卷尺、水平仪、内六角扳手、活动扳手、力矩扳手、电锤、锤子、切管器、喇叭口扩管器、铰刀、电笔、温度计、万用表、钳型表、兆欧表等。安装分六步，预计需要120min完成。其作业流程图如图5.14所示。

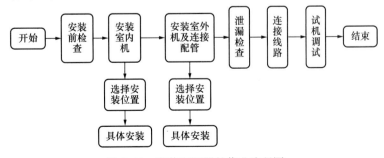

图5.14　安装空调器的作业流程图

服务及安全规范：

(1)按预约时间上门，若有变动应提前通知用户。

(2)与用户协商选择正确的安装位置。如不符合安装位置要求应向用户提出，若用户坚持，则应在安装确认凭证上注明并请用户签名确认。

(3)安装前应检查用户地线、电源线路、漏电保护开关是否合格，如不合格应建议用户改正。

(4)安装前通电检查室内机运转、噪声、遥控是否正常，室外机是否有氟，确保调试合格率。

(5)过墙孔应开得美观并倾斜向下，内外缝隙堵塞严实、平整，防止雨水或异物进入室内。

(6)使用合格安装支架，上齐螺栓，保证室外机水平、牢固，运转时不能产生振动。

(7)室外机应避开障碍物，保证空气循环顺畅以免影响室外散热。如有阳光直射应建议用户搭遮阳篷。

(8)挂墙板须水平牢固，保证室内机安装平整、牢固以及排水顺畅。

(9)安装时必须排净空气，决不允许让杂物及水分进入管路系统。

(10)地线、电源线等任何电气线路必须拧紧，保证连接牢固、可靠。

(11)严格依照产品设计及工艺要求进行安装，严禁弃装或不正确安装过线胶圈、压线夹。

(12)连接管布置须紧靠墙面并横平竖直，确保外墙美观，工程机、室外机安装必须排列整齐。

(13)需要加长或更换铜管和电源、信号连接线时，必须使用符合国标质量的材料。电源连接线应整条更换。

(14)安装后应仔细检查各接头有无泄漏，调试时应检测温差、工作电流、系统压力是否正常。

(15)安装后应检查电气绝缘保护是否完好无损、是否有漏电现象。

(16)高空作业必须穿戴安全带，室内人员探身室外作业同样须采取安全措施。

除窗式空调器外，壁挂式、吊顶式、嵌入式、落地式、立柜式等空调器统称为"分体式"空调器。出厂时，室内机组、室外机组、连接管道（及连接线）分开包装发运到用户所在场地，在现场进行组装与调试。由于空调器整机在出厂后仍有部分工序尚需在为用户安装时完成，因此，空调器的安全和性能良好与否，除与空调器出厂时的品质有关之外，还与空调器的安装、连接、调试有关。决定空调器工序延伸质量的关键因素在于从事安装的工作人员的素质和现场的安装质量。所以，安装与调试就成为保证空调器安全、正常工作的一个不可缺少的步骤，成为制造厂从生产出合格产品到用户获得良好使用效果的产品链中的一个重要环节。俗话说，空调器是"三分质量，七分安装"。

实践操作：空调器的安装

1 安装前检查

安装前检查空调器的目的是将机器的故障排除在安装之前，应检查如下内容。

(1)依照附件表，检查所有附件及随机文件是否齐全，检查空调器是否完好。

（2）检查室内机组塑料外壳和装饰面板、风叶、出风框有无损坏、破裂，室外机金属壳体有无划伤、生锈、碰凹。

（3）室内机已充入 R22 或 N2，打开螺帽时有气体排出，可认为无泄漏。

（4）内机可通电检查，检查各功能转换、噪声等。

（5）检查室外机阀门，二通阀和三通阀的螺纹锥头有无滑牙，并对室内机、室外机的所有锥头涂上冷冻油，增强密封能力。

（6）分体壁挂式室内机安装最好离地面高 2m 左右，同时保证室内空气循环顺畅，维修操作方便。

2　室内机安装

1）室内机位置的选择

（1）避免阳光直射。

（2）远离热源、蒸汽源、有易燃气体泄漏及有烟雾的地方。

（3）进出口无障碍物，保持空气良好循环。

（4）排水管排水方便。

（5）挂壁式空调器室内机距地板安装高度应大于 2.3m，左右两侧和顶部距墙体距离应大于 15cm，背面须紧贴墙壁，如图 5.15 所示。如果是柜机室内机，左右两侧距墙体距离应大于 15cm，背面距墙体距离应大于 15cm。

（6）距离无线电设备（如电视机、收音机等）应大于 1m。

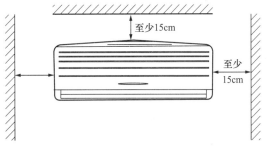

图 5.15　室内机位置选择

（7）安装在空调器不会被溅上水或受潮的地方。

2）室内机安装

选定空调器室内机安装位置后，具体安装方法和步骤如下。

	固定室内机挂板，取出内机挂板及固定螺钉，用水平尺找平，将内机挂板先固定在室内墙上合适的位置。
	连接室内机气管和液管，将盘卷的配管理直，分清气管和液管（气管较粗，液管较细）。将室内机的气管与配管的气管相连接，室内机的液管与配管的液管相连，室内机外壳管道出口方向开口。

 **3** 包扎管道，用空调水管将室内机的水管加长，让其有足够长度接至室外。然后用白胶带，将配管、水管、电源线包扎起来，包扎时胶带一圈叠压一圈，并以 45°角向前推移。注意，排水管应包扎在管道下方。

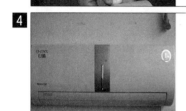 **4** 将室内机挂到挂板上，完成分体式空调器室内机的安装。

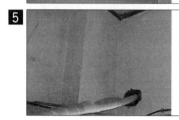 **5** 钻孔穿管，在墙上钻一个直径为 5.5cm 左右的洞，管孔通道向外稍微倾斜。钻洞时，注意钻口应平滑，不能太大，太大则室外水易流入；也不能太小，太小则线不易穿出。然后，将配管、水管、电线穿出室外。注意，穿管时不能将配管折弯，否则可能会影响制冷剂的循环以及水路的畅通。

提 示

(1)室内机管道引出墙外的出口，应该是内高外低向外倾斜。由于安装位置不同，管道的走向有四种选择，选择与室外机组间管道最短为宜。

(2)在包扎管道时排水软管应包扎在下面。注意：排水软管的任何部位(弯折处)都应低于室内机的排水口。

(3)配管连接头部分需用附件的隔热保温管包扎。特别要注意的是，此两接头容易造成安装拧不紧或接头滑丝引起泄漏故障，所以要密封紧固并经检漏，才能把连接部分的全部空隙用隔热保温套管、胶带包扎好，以免有露水滴落。

3 室外机的安装及配管连接

1)室外机位置的选择

(1)避免阳光直射。

(2)远离热源、蒸汽源、有易燃气体泄漏及有烟雾的地方。

(3)选择不易受雨淋并且通风良好的地方。

(4)安装基础应坚实可靠，否则会增大运转噪声和振动。吹出的风及运转噪声不会影响他人或动植物。

(5)确保安装尺寸不小于如图 5.16 所示的要求。

(6)出风口建议敞开使用，若有障碍物会对性能有影响。

(7) 室外机组不应占用公共人行道，沿道路两侧建筑物安装的空调器其安装架底部(安装架不影响公共通道时可按水平安装面)距地面的距离应大于 2.5m。

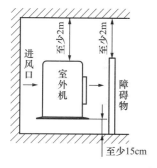
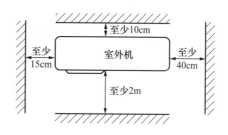

图 5.16　室外机的安装位置

2)室外机安装及内外机配管的连接

完成室内机安装并选择好室外机位置后，就可以对室外机进行安装了。空调器的安装成功与否很大程度上取决于室外机的安装。具体操作步骤如下。

1 在室外安装支架，根据空调器支架尺寸在实心承重墙体上打孔(4 个或 4 个以上，由安装人员根据情况而定)，确定安装左右托架的位置，必须保证左右托架处在同一水平面上，用 4 颗 M10×100 金属膨胀螺钉将安装支架固定在实心承重墙体上。

2 区分室外机供电的接线柱，连接室外机导线。室外机的供电是通过室外机接线端子完成的，1、2 号端子为压缩机接线端，3 号端子接地，4 号端子为四通阀电源，5 号端子为风机电源，另外一根线为热敏电阻器的连线。

3 连接室外机的液阀和气阀。图中下面比较大点的一个为气阀，上面较小一个为液阀。先将扩口管两端喇叭口对准室内外相应的螺纹接头中心，用手将扩口螺母充分旋紧，然后用力矩扳手旋紧扩口螺母，直到力矩扳手发出"咔嗒"声停止。连接时，注意先将配管弯成合适的弯度再连接。

4 进行排空操作。具体做法是：先取下液阀和气阀的阀帽，将连接于气阀上的喇叭口螺母松动 1/4 圈左右，再用内六角扳手将小阀的阀芯逆时针旋转 1/4 圈，保持 10s 后关闭。气体由粗管的喇叭口处排出，待无气体排出时，按照规定的扭矩将喇叭口螺母拧紧。

打开大小阀门。完成排空操作，用活动扳手拧紧大阀气管的接口后，再用内六角扳手完全打开大小阀门，盖上阀门盖。

提示

（1）在安装室外机支架时，紧固件必须拧紧。连接应牢固可靠，按墙体结构的不同，应采用相应的安装方式。

（2）安放室外机时，机身应用绳子吊住，以防止落下。

（3）安装或维修时，应避免工具或零部件落下。

（4）固定安装支架至少要用 4 个 M10×100 膨胀螺栓，2 匹以上室外机支架不少于 8 个膨胀螺栓。

（5）连接配管时，推荐使用相应的力矩扳手，若使用其他活动扳手或固定扳手，也许会因用力不当而损坏喇叭口。

（6）配管的弯曲半径不能太小，否则配管可能折断或破裂。所以安装人员在弯曲配管时，应用弯管器。

（7）排空操作整个过程大约用时 10s，当从大阀门排出的空气有凉感时，说明空气已排尽，排空操作完成。

排空气（抽真空）是空调器安装的重要步骤。连接管及蒸发器内存留大量空气，因为空气中含有水分、杂质，它的存在会对制冷系统造成一些不利结果，如压力增高、电流增大、噪声提高、耗电增加、制冷（热）量下降；还会引起脏堵，压缩机不起动，压缩机电动机绝缘不良，降低冷冻油的性能等故障，最后损坏压缩机。

注意：排气时间只可参考，参考标准是用手感觉喷出的气体是否有凉感。排气时间过长，会造成系统制冷剂不够，影响空调器的制冷效果；排气时间过短，系统中仍留存空气，同样影响制冷效果。

提示

如果安装的是变频机则必须用真空泵排空。由于变频机的系统对真空度的要求十分严格，不能含空气和其他杂质。所以在安装变频机时，系统必须使用真空泵抽真空，保证系统的正常运行，充分发挥变频机的快速制冷、制热的优势。真空泵的操作规范如下。

在安装家用变频空调器时，对已连接好的空调器制冷系统必须采用抽真空的方法来排除系统内的空气，抽真空示意图如图 5.17 所示。

具体操作要求如下。

（1）将歧管阀充注软管连接于低压阀充注口（注氟嘴），高低压阀此时都要关紧。

（2）将充注软管接头与真空泵连接。

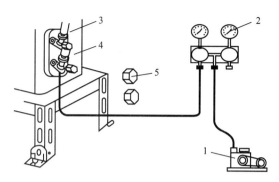

1—真空泵；2—真空表；3—液阀；4—气阀；5—阀帽。

图5.17 抽真空示意图

（3）完全打开歧管阀低压（L。）的手柄，开动真空泵抽真空。

（4）一般 1 匹空调抽真空约 15min，2 匹空调抽真空约 20min，3 匹空调抽真空约 30min。确认压力表指针是否指在 $-1.0 \times 10^5 Pa$（$-76cmHg$）处，抽真空完成后，完全关紧歧管阀低压（L。）手柄，停下真空泵。

（5）抽真空完成后需要保压一段时间。一般 2 匹以上空调保压 5min，2 匹以下空调保压 3min。保压期间检查压力回弹不能超过 0.005MPa（0.05kg）。

（6）确认系统为真空状态后，稍微打开液阀放气，以平衡系统压力，防止拆管时空气进入，拆下软管后再完全打开高低压阀。

（7）上紧高低压阀阀帽以及充注口（注氟嘴）阀帽。

4 制冷剂泄漏检查

当确定系统连接完整后才能检漏，一般用肥皂水检漏，把肥皂水分别涂在可能的泄漏点处，如图 5.18 所示（室内机、室外机连接管的四个接口和二通阀、三通阀的阀芯、工艺接口处），如果有气泡冒出，证明有泄漏，要进行重装或修理。

图5.18 安装后的检漏

注意：使用肥皂水检漏后，要用水洗净肥皂液，否则会使铜管变色。如果用肥皂水无法检出漏点，可用电子检漏仪或系统充氮气 $20kg/cm^2$，放进水槽内检漏。

5 线路连接

确定空调器室内机、室外机安装完毕，管道中制冷剂没有泄漏后，可开始连接线路。室内、外机联机线对应关系如图 5.19 所示。

1）室内机线路连接

（1）打开进风格栅，取下电装盒盖。

（2）取下电装盒里面的线夹。

（3）将联机线从后面插入，从前面拉出。

（4）将联机线牢固连接到端子板上。

（5）用线夹将联机线固定好，装上电装盒，关好进风格栅。

2）室外机线路连接

（1）用十字螺钉旋具拆下室外机配线罩。

（2）取下里面的线夹。

（3）将联机线各端子对应编号接入室外机端子板。

（4）拧紧固定螺钉，接插件连接牢固。

（5）用线夹将联机线固定，安好配线罩。

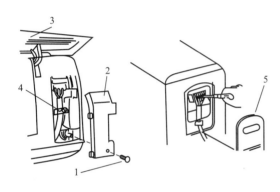

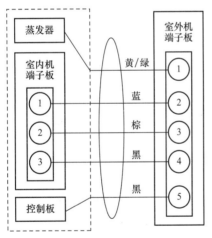

1—螺钉；2—电装盒盖；3—进风格栅；
4—线夹；5—配线罩。

图5.19 室内机、室外机联机线对应关系

提 示

（1）接线技巧。一般情况下，空调器的电源线有颜色区分，而接线端子上的颜色也与电源线的颜色一致。在接线时要注意线的颜色与接线端子上的颜色一致，就不会接错。

（2）导线夹一定要夹在电线双重绝缘保护层最外层。

（3）接地螺钉必须用专用螺钉（不锈钢机制螺钉）。

（4）室内机、室外机组电源连接线必须使用国家标准《额定电压450/750V及以下橡皮绝缘电缆 第2部分：试验方法》（GB/T 5013.2—2008）所规定的YZW线或同等规格以上的线；带插头电源线使用RVV型导线。

（5）空调器应配专用电源插座，才能确保空调器安全运行；应装有电源漏电开关和空气开关，起安全保护作用。

（6）空调器必须有可靠接地，以避免绝缘层失效造成危害；重点检查用户电源插座有无接地线，使用变频空调时对接地要求更高。

（7）电线不能触及裸露管道、压缩机和风扇等部件。

（8）不能随意改动内部接线。

6 试机运行

当把整个线路都连接完毕后，检查安装是否牢靠，室内机、室外机组的出风口、进风口是否有障碍物等，确认没有问题后接通电源，检查空调器的各种功能及压缩机的运转情况，操作方法如下。

（1）按控制面板上或遥控器上的"运作/停止"键，空调器进入运行状态，如图5.20所示。仔细地检查空调器在运行中有无异常现象。

图5.20　遥控器开机

（2）在电压为198～242V，运行时间30min后，观察下面现象。

①制冷系统的低压压力：夏天35℃左右进行制冷时，其表压力应为0.49～0.54MPa（5～5.5kgf/cm²）；冬天0℃左右进行制热时，其表压力为0.25～0.31MPa（2.5～3.2kgf/cm²，铭牌上的是绝对压力；表压力＝绝对压力－1）。

②空调器出风口与房间温度差：夏天制冷温度差大于8℃，冬天制热温度差大于15℃。

③工作电流：在35℃左右进行制冷时，各型号的电流值参考铭牌上数值，一般会比额定电流值稍低些。

④检查室内机、室外机有无振动、摩擦和其他噪声。

⑤室内机有无漏水现象，冷凝水排出室外是否流畅。

⑥电气配置应安全、可靠、无漏电现象。安装人员可用试电笔，或用万用表等仪表对其外壳可能漏电部位进行检查；若有漏电，应立即停机检查，排除故障。

安装一台壁挂式定频空调器，从安装位置的选择到室内机、室外机的安装，到最后试机，所有环节应符合要求，安装到此结束。整理工具，填写安装凭证，并向用户介绍空调器操作使用及维护保养的方法。

1）操作使用方面

（1）介绍空调器的操作和功能：主要包括遥控器的操作运转方式、应急运转方式、自动运转方式、睡眠运转方式、除湿功能模式、制冷功能模式、制热功能模式、风向调节方法、定时运转方式。

（2）让用户了解空调器制冷（制热）特点，各部分结构名称，让用户懂得最基本的故障分析和一些非空调器故障的现象，要求用户认真阅览使用说明书。

（3）向用户介绍正确使用和保养空调器的常识：如空调器的使用电压为220（1±10％）V，若使用电压不稳定，电压低于198V以下时，需要为空调器配置消耗功率为2.5倍以上的稳压器；空调器不用时要拔掉电源；遥控器长期不用时，应将电池取出；两次开机时间间隔要在3min以上；要检查用户专用线径容量是否足够，是否有接地线等。

2）用户的保养方面

（1）定期清洗室内机过滤网，减少风阻，增强对流换热。

（2）定期清洁室外机冷凝器灰尘、油污，减少热交换阻力，提高制冷量。

（3）特别是夏天过后，不再开机制冷时，室内机要进行3～4h的独立通风，以便于吹干蒸发器的冷凝水。

做一做

在有条件的情况下，请同学们尝试自己安装一台空调器。

7　操作评价

前面介绍了空调器的安装方法，根据表 5.3 对本任务学习进行测评。

表 5.3　空调器安装操作评价表

序号	项目	配分/分	评价内容	自评/分	互评/分	教师评价/分	平均成绩/分
1	室内机的安装	50	1. 掌握室内机安装位置的正确选择方法，得 10 分 2. 掌握换气孔和穿墙孔的正确钻法，得 10 分 3. 掌握挂机板的正确安装方法，得 10 分 4. 掌握室内机管路的正确连接方法，得 10 分 5. 掌握室内机电源线的正确连接方法，得 10 分				
2	室外机的安装	50	1. 掌握室外机安装位置的正确选择和安装方法，得 10 分 2. 掌握室外机和室内机管路的正确连接方法，得 10 分 3. 掌握室外机和室内机配线的正确连接方法，得 10 分 4. 掌握排除管内空气的方法，得 10 分 5. 掌握检查制冷剂泄漏的方法，得 10 分				
安全文明操作		违反安全文明操作规程(视其情况进行扣分)					
额定时间		每超过 5min 扣 5 分					
开始时间		结束时间		实际时间		成绩	
综合评价意见(教师)							
评价教师				日期			
自评学生				互评学生			

理论知识：空调器维修上门服务规范和注意事项

1　安装/维修上门服务规范

1)上门服务前的准备工作

(1)预约上门时间。当接到任务派遣单后，立刻打电话跟用户联系，如图 5.21 所示，讲话内容是"您好，我是××电器售后服务人员，请问是×××先生家吗？我们准备为您进行空调服务，请问您什么时间方便？"确定好时间，向用户致谢后再挂上电话。按预定的时间上门，一定要保证准时到位，严禁不按预定时间上门。

（2）着装要整洁。一定要统一穿着××电器字样工作服，严禁穿着非空调厂家字样的工作服，在服装明显处佩戴企业专用上岗证。

2）上门服务

（1）请用户开门：方法是轻按门铃，如无门铃则

图5.21　服务人员电话预约

应有节奏地轻轻敲门，严禁大力拍门、用脚踢门等。用户开门后，作自我介绍："您好，我们是××电器服务人员，请问是××吗？我们现在进行上门服务。"并主动出示证件。用户同意后方可进门。

（2）穿上鞋套：进门前必须穿上鞋套。方法是首先抬起左脚穿上鞋套踏进门内，右脚须踏在门外，然后右脚穿上鞋套后踏入门内。

（3）语言交流：进门后向用户询问空调器的安装位置或使用情况。

①安装前认真核对发票，与机型是否相符，如图5.22所示，材料是否齐全。

②设计好安装位置，向用户详细了解情况，跟用户进行交流。征求用户意见，确定合理安装位置及连接管走向(安装)，如图5.23所示。

图5.22　核对发票与机型　　　图5.23　和用户一起协商空调器室内机的安装位置

③认真听取用户的故障现象说明(维修)。"×××先生，请问您的空调器安装在哪个房间，请您带我们去看看。您的空调器使用效果怎么样？曾出现过问题吗？问题出现后处理是否及时"等。语言文明，不允许打闹、嬉笑，不得索要用户任何物品及小费等。

（4）摆放工具：交流后，铺开垫布把工具逐样摆放在垫布上，注意工具要整齐干净，轻拿轻放，如图5.24所示。

（5）介绍安装监督卡：摆放好工具后，向用户详细介绍安装监督卡。语言表达要委婉："您好，这是安装监督卡，请您按上面的内容监督我们的工作。"安装维修时一定要注意到室内环境，布置好工作现场。需移动家具时，要跟用户协商"对不起，为了避免碰撞损伤您的家具，能不能将它移动一下，稍后我们再帮您复回原位，行吗？"征得用户同意后方可挪动家具。如不能移动则需用垫布将其罩好，防止灰尘及损伤。

图 5.24　安装前的工具摆放（必须使用垫布）

（6）保持手部清洁：安装室内机时，随时保持手部清洁，如图 5.25 所示，脏手绝不能直接接触用户物品及非作业区墙壁等。

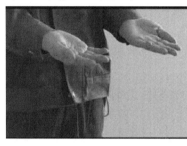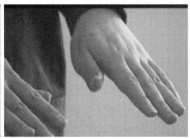

图 5.25　随时保持手部清洁

（7）严格按照空调器安装维修操作规范进行操作，高空作业时严格按照下面程序进行。

①安装、维修空调器必须使用安全绳、安全带，如图 5.26 所示，并随时检查，发现不合格安全绳、安全带则必须立即更换。

图 5.26　安全绳、安全带

②必须注意脚下人、物，不允许工具滑落。

③安装、维修室外机时，必须两人同时在场，一人安装、一人负责安全带。

（8）清理现场：当空调器安装结束后必须清理现场。用白毛巾对空调器表面进行清洁，然后对作业墙面进行清洁，完成后应将工作场地彻底清理干净，并将移位的家具复位，同时给用户致歉"服务不周，请多原谅！""给您添麻烦了。"

（9）调试并教会用户使用空调器：安装（修理）完后，检查是否符合安全要求，认真调试空调器，向用户介绍空调器性能、注意事项及使用方法。

（10）征求意见：如图 5.27 所示，对用户说："您还有不明白的地方或有什么需求吗？"如用户有需求则尽力满足。最后请用户签署服务监督意见："您的空调器安装/维修已结束，为了规范监督我们的服务行为，请在作业单（安装单、维修凭证）上签署服务监督意见。"

图 5.27　征求意见

（11）告别用语。

①如果是安装服务，对用户说："谢谢您使用××空调，服务不周，请多提意见。您在使用过程中有什么问题请打我们的服务电话×××××××，再见！"

②如果是维修服务，对用户说："维修空调器给您带来了不便和烦恼，再次表示歉意。"

▌2　空调器安装的注意事项

1）服务规范类

（1）是否按预约的时间上门服务，是否穿工作服，有无出示上岗证。

（2）安装前是否核对发票与机型，材料是否齐全。

（3）移动家具是否征得用户同意，事后有无复位。

（4）安装完成后是否调试空调器，是否讲解空调器的使用方法及保养常识。

（5）安装单据是否在用户家填写，并由用户签字。

（6）是否有吃拿用户物品，或损坏用户物品现象。

（7）工作期间与用户沟通时是否使用礼貌用语。

2）安装技术类

（1）安装位置是否取得用户同意。墙洞开得是否美观，内外缝隙是否堵塞。

（2）连接管布置是否平直、美观，包扎带是否完整结实。

（3）室内机安装是否平整，排水是否顺畅。

（4）室外机安装是否水平、牢固，运转时有无振动。支架是否牢固，螺栓是否上齐。

（5）电线、排水管布置是否合理。室外机安装整体是否美观、规范。

（6）安装 R410A 制冷剂的变频空调器，排空必须使用真空泵。

3）电气安全类

（1）是否有漏电现象，是否使用了不合格的电线。

（2）压线夹、接线端连接是否牢固、可靠，地线连接是否可靠。

（3）电气绝缘保护是否完好无损，电源线路上是否配有空气开关等漏电保护装置。

（4）高空作业是否使用安全带。室内人员探身室外作业是否采取安全措施。

3　添加制冷剂

空调器因管路增长、使用一段时间和移动空调器后，如果不能满足正常运行的 4 个条件，即压力低于 0.48MPa（4.9kgf/cm²）、管道结霜、电流减少、室内机出风温度不符合要求，就必须要补充制冷剂。

图 5.28　补充制冷剂

运行中加制冷剂，必须从低压侧加注。加制冷剂前，先旋下室外机低压气体截止阀维修口上的工艺帽，根据公、英制要求选择加气管；用加气管带顶针端，把加气阀门上的顶针顶开与制冷系统连通，另一端接三通表。用另一根加气管一端接三通表，另一端接 R22 气瓶，并用系统中制冷剂排出连接管的空气。听到管口"吱吱"响声 1～2s，表明空气排完，拧紧加气管螺母，打开制冷剂瓶阀门，如图 5.28 所示。通电起动空调器，把气瓶倒立，缓慢加氟。当表压力达 0.48～0.53MPa（4.9～5.4kgf/cm²）时，表明制冷剂已充足。关好瓶阀门，使空调器继续运行，观察电流、管道结露现象，当室外机水管有结露水流出，低压气管截止阀结露，确认制冷状况良好，卸下低压气体维修工艺口加气管，旋紧外保险帽，充注制冷剂工作完成。

任务小测

1. 填空题（每题 10 分，共 50 分）

（1）如果安装的是变频空调器，排空时必须使用＿＿＿＿＿＿排空。一般 1 匹空调器抽真空约＿＿＿＿＿ min。

（2）空气过滤网一般要＿＿＿＿＿清洗一次。

（3）空调器制冷的室外温度约＿＿＿＿＿以上，＿＿＿＿＿以下，如果在此范围外的温度下工作，可能造成故障或内保护。热泵型空调器制热的室外温度在−7℃以上，如果在此条件之外的低温操作，空调器内部的＿＿＿＿＿动作，引起空调器不起动。

（4）制冷系统的低压压力：夏天 35℃ 左右进行制冷时，其表压力应为＿＿＿＿＿ kgf/cm²，冬天 0℃ 左右进行制热，其表压力为＿＿＿＿＿ kgf/cm²。

（5）空调器安装完毕后，检查工作主要分＿＿＿＿＿进行。

2. 判断题（每题 10 分，共 50 分）

（1）安装空调器时，应尽量满足厂家要求的各种条件和技术要求。（　　）

（2）空调器最好使用专线供电，不允许和其他电气设备共用一个电源插座。（　　）

（3）空调器的电源线应选用专门动力线，不能使用一般的照明线。（　　）

（4）在空调器安装完成后，要进行通电试运行。（　　）

（5）在空调器运行中加制冷剂，必须从低压侧加注。（　　）

任务5.3　拆卸空调器

任务目标：

(1)会拆卸空调器的室内机和室外机。

(2)了解空调器的基本结构。

任务分析：

本任务要求对某品牌1匹分体式空调器室内机主要组成部分(室内机外壳、电气部件、制冷部件)以及室外机的主要组成部分(室外机外壳、电气部件、制冷部件)进行拆卸。通过完成这项任务，达到掌握空调器的基本结构、学会正确拆卸空调器主要部件的目的。完成这项任务预计需要90min，其作业流程图如图5.29所示。

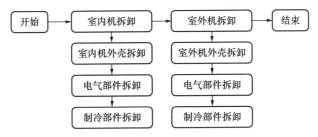

图5.29　拆卸空调器的作业流程图

在空调器的生产和维修过程中，常常需要更换器件，这就要求大家必须熟悉空调器的构造，能熟练地拆装空调器，才能保证生产和维修的质量。通过下面的学习，就能够达到这样的目的。

实践操作：空调器的拆卸

1　空调器室内机的拆卸

空调器室内机主要由外壳、电气部件和制冷部件等组成。下面以某品牌1匹分体式空调器室内机为例进行逐一拆卸。

1)空调器室内机外壳的拆卸

某品牌1匹分体式空调器外壳主要由吸气栅、空气过滤网、前盖板等组成。其拆卸方法分以下6步进行。

1
先将位于空调器前部的吸气栅掀起。在吸气栅的两侧分别有两个按扣，用手稍按按扣即可使按扣与卡子脱离。

2	 吸气栅	在卡子位置向上掀起吸气栅，再向下轻拉即可卸下位于空调器前部的吸气栅。
3	 空气过滤网	抽出位于吸气栅和蒸发器之间的空气过滤网。在抽取时，先向上轻轻推动空气过滤网，待其移出外机壳后再将其向外移出即可。
4	 卡扣	将垂直导风板稍掀起，露出三个卡扣，再用螺钉旋具将卡扣撬起，露出里面的三颗固定螺钉。
5		用十字螺钉旋具小心地取下三颗固定螺钉。
6	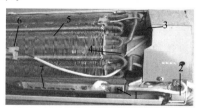	轻轻护住前盖板两侧，再将前盖板轻轻上翻，即可将前盖板取下，此时露出室内机内部的电路及制冷部件。

2）室内机电气部件的拆卸

室内机的电路主要由遥控接收电路板与指示灯电路板、室温感温头、管温感温头、保护外壳下的电源和控制电路板、垂直风向叶片电动机等组成；制冷器件由冷凝器、风向叶片组件等组成，如图 5.30 所示。

1—遥控接收头；2—垂直风向叶片电动机；3—电路板保护外壳；
4—管温感温头；5—冷凝器；6—室温感温头；7—指示灯电路板。

图 5.30 室内机外壳拆下后的电路和制冷部分

（1）电源和控制电路板的拆卸。电源和控制电路板作为空调器的重要组成部分，其拆卸分 3 步完成，具体步骤如下。

1 用螺钉旋具卸下电源和控制电路板保护外壳的固定螺钉，用手轻轻向外掰动机壳，将电路板固定模块与室内机外壳的卡子脱离并取出。

固定螺钉

2 用螺钉旋具卸下控制电路板固定模块上电源变压器的固定螺钉，取出电源和控制电路板以及变压器。

3 用螺钉旋具卸松接线端子板连接线的螺钉，取下室内机控制连接线以及风扇电动机电源线和控制线在电路板的接头，取出电路板。

（2）遥控接收和指示灯面板部分的拆卸。遥控接收和指示灯面板部分对空调器工作状态起着指示作用，其拆卸过程分3步进行，具体步骤如下。

1 用螺钉旋具卸下遥控接收和指示灯面板部分的固定螺钉。

2 向左移动遥控接收和指示灯面板，将卡子退出卡扣，再向外取出遥控接收和指示灯面板。

卡子

3 拔出遥控接收和指示灯面板在电路板上的接头，即可取下遥控接收和指示灯面板。

（3）室温感温头和管温感温头的拆卸。性能良好的室温感温头和管温感温头是空调器控制电路正常工作的基础和前提，其拆卸过程如下。

将室温感温头的探头从卡槽上取下，拔下室温感温头在电路板上的插头，即可卸下室温感温头。

用一字螺钉旋具将管温感温头向外拔出，拔下室温感温头在电路板上的插头，即可拆卸下管温感温头。

（4）风向叶片电动机及组件的拆卸。风向叶片电动机及组件安装在支架上，它主要由垂直风向叶片、水平风向叶片和驱动电动机组成。当空调器室内机工作时，该电动机旋转，即可带动垂直风向叶片上下翻转，从而实现垂直风向的调节。风向叶片组件的拆卸方法如下。

用螺钉旋具卸下垂直风向叶片驱动电动机的固定螺钉，用手拔下垂直风向叶片驱动电动机在电路板上的插头

用手脱离风向叶片组件与机壳的卡扣，轻轻向上抬起，即可取出风向叶片组件。

（5）送风风扇电动机及组件的拆卸。送风风扇电动机及组件主要是由送风风扇和驱动电动机两部分构成，其拆卸方法如下。

用螺钉旋具卸下固定螺钉，松开固定风扇电动机保护外壳的卡扣，取下保护外壳。

用螺钉旋具卸下风扇电动机与送风风扇主轴处螺钉，取出送风风扇组件，也可将风扇电动机单独取出。

3）空调器室内机制冷部件的拆卸

室内机制冷系统主要部件是蒸发器。蒸发器是空调器室内机的管路部件，它通过连接管路与室外机相连，是制冷部分的重要组成部件，其拆卸方法如下。

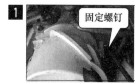
用螺钉旋具卸下蒸发器紧靠风扇电动机的三颗固定螺钉，再卸下蒸发器另一侧与机壳的固定螺钉。

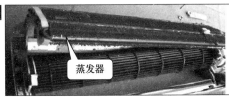
向上抬起蒸发器，将其从送风风扇组件上取下。

提示

蒸发器的连接管路已经被弯制成型，分离蒸发器时一定要注意管路的弯制形状，以免造成管路弯折。

2　空调器室外机的拆卸

1)空调器室外机外壳的拆卸

空调器室外机外壳的拆卸与室内机外壳的拆卸相比较要简单一些，只要取下外壳上的几颗螺钉即可完成，如图5.31所示。

图5.31　空调器室外机外壳的拆卸

用螺钉旋具将空调器室外机外壳上的螺钉一一卸下，即可取下空调器室外机外壳。

2)空调器室外机电气部件的拆卸

空调器室外机电气部件比较简单，主要由接线盒、压缩机起动电容器、风机起动电容器等部分组成。

(1)压缩机起动电容器的拆卸。拆卸压缩机起动电容器的步骤分为以下两步完成。

用螺钉旋具卸下固定起动电容器卡子的螺钉，取下压缩机起动电容器半环形卡子。

用手拔下压缩机起动电容器引线的两根插头，即可卸下压缩机的起动电容器。

（2）风扇电动机起动电容器的拆卸如图 5.32 所示。

图 5.32　风扇电动机起动电容器的拆卸

先用手拔下风扇起动电容器引线插头，再用螺钉旋具卸下风扇起动电容器的固定螺钉，即可卸下风扇电动机起动电容器。

（3）过载保护器的拆卸步骤如下。

用螺钉旋具卸下压缩机端子板上的螺钉，取下端子板。

用螺钉旋具卸下固定保护帽的螺钉，取下过载保护器的保护帽，再用手拔掉连接过载保护器的连接线，再向上取出过载保护器。

图 5.33　轴流风扇
组件的拆卸

3）空调器室外机制冷部件的拆卸

空调器室外机的制冷部件主要包括压缩机组件、轴流风扇组件和制冷管路部分。

（1）轴流风扇组件的拆卸如图 5.33 所示。

先用活动扳手卸下轴流风扇中心的固定螺钉，即可取下风叶，再用螺钉旋具卸下风扇电动机的固定螺钉，即可取下风扇电动机。

（2）压缩机组件及管路的拆卸。拆卸压缩机组件必须使用焊接工具，如图 5.34 所示。

①用氧焊枪焊下四通阀接头，取下四通阀。

②焊下压缩机高压管接头。

③用氧焊枪焊下压缩机低压管路接头。

④取出固定螺钉，取下压缩机，至此拆卸工作完毕。

图 5.34　拆卸压缩机组件

提　示

在用活动扳手取下轴流风扇中心螺帽时应注意，这里的螺钉为反丝，在拆卸时，应顺时针方向转动活动扳手。

压缩机组件及管路的拆卸会伴随着管路的加工与焊接操作，此处略。另外，空调器的组装过程为拆卸的逆过程，这里不再赘述。

做一做

学会了空调器的拆装，就去实践操作一次，检测一下自己的技术水平和能力。

3　操作评价

前面介绍了空调器室内机和室外机的拆装，依据表 5.4 进行技能评测。

表 5.4　空调器拆卸情况评价表

序号	项目	评价内容	配分/分	评分标准	自评/分	互评/分	教师评价/分	平均成绩/分
1	室内机组的拆装	能对室内机组进行拆卸	20	对室内机组拆装不全面，扣 20 分				
2	能对室外机组进行拆装	1. 空调器室外机电气部件的拆卸　2. 对室外机组进行拆卸	60	1. 不能正确对室外机组电气部件拆卸，扣 30 分　2. 对室外机组拆卸不全面，扣 30 分				
3	能将拆卸完成的室内外机组重新恢复	室内机和室外机连接正确	20	室内机与室外机不能正确连接，扣 20 分				
安全文明操作		违反安全文明操作（视其情况进行扣分）						
额定时间		每超过 5min 扣 5 分						

开始时间		结束时间		实际时间		成绩	
综合评价 意见(教师)							
评价教师			日期				
自评学生			互评学生				

理论知识：空调器的工作原理

■ 1 单冷型窗式空调器的工作原理

1)制冷系统的工作过程

压缩机吸入来自蒸发器的低温低压的 R22 过热蒸汽，压缩成高温高压过热蒸汽，送入冷凝器中。蒸汽向室外侧空气放出冷凝热，变成高压过冷液，经毛细管节流降压后进入蒸发器，吸收室内侧空气的热量后变成饱和蒸汽，经进气管过热，被压缩机吸入，如此循环往复。

2)风路系统的工作过程

室内侧空气在离心风扇作用下，水平进入空调器，经空气过滤网滤尘后，与蒸发器中的制冷剂进行热交换，失去部分热量和水分，然后由离心风扇从一侧送回室内。经过反复循环，以达到给室内空气降温去湿、除尘和改变气流速度的目的。

室外侧空气在轴流风扇作用下，从空调器左右两侧百叶窗进入空调器，与冷凝器中的制冷剂进行热交换，吸收制冷剂的冷凝热后以水平方向排出空调器，达到给制冷剂散热的目的。

■ 2 分体式空调器的工作原理

1)单冷分体式空调器工作原理

其工作过程为：从室外机组进入室内机组的液态制冷剂 R22 进入室内换热器(蒸发器)，与房间内空气进行热交换。液态制冷剂 R22 由于吸收房间内空气中的热量由液体变成气体，其温度和压力均未发生变化，而房间内的空气由于热量被带走，温度下降，冷气从出风口吹出。

液态制冷剂 R22 在室内被汽化后，进入室外侧压缩机中，由压缩机压缩成高温、高压的气体，然后排入室外热交换器(冷凝器)中，高温、高压的气态制冷剂在冷凝器中与室外空气进行热交换，被冷却成中温、高压的液体，而室外空气吸收热量温度升高后被排到外界环境中。

由冷凝器出来的中温、高压液体必须经过节流装置减压降温，使其温度和压力均下降到原来的低温、低压状态。一般情况下，分体壁挂式空调器采用毛细管节流。

在制冷过程中，蒸发器表面的温度通常低于被冷却的室内空气露点温度，凝结水不断从蒸发器表面流出，所以分体壁挂式空调器需要有凝结水排出管。

2）热泵型分体式空调器的工作原理

其循环原理与单冷型相同，只是在系统中增加了一个电磁换向阀，用来转换制冷剂的流向。制冷时，从压缩机出来的高温、高压气体排向室外侧换热器，冷凝后经毛细管节流，将低温、低压的R22液体排向室内侧，吸收室内热量；制热时，从压缩机出来的高温、高压气体排向室内侧换热器，使室内温度升高，而R22在室内被冷凝成液体，经节流后排到室外换热器，通过吸收室外环境的热量将液体蒸发成气体，再进入压缩机进行下一次循环。

3　分体立柜式空调器的工作原理

空调器制冷时，压缩机将高温、高压的气态制冷剂排到冷凝器中，轴流风扇吸入室外空气来冷却冷凝器；同时，将热空气排到室外。这时气态制冷剂冷凝成为高压的液态制冷剂，通过室内、外机组的连接管进入毛细管，经节流降压后再进入蒸发器中，蒸发过程中吸收室内空气中的热量，室内空气冷却降温后再由离心风扇吹到室内。蒸发器内汽化后的制冷剂气体，通过室内、外机组的连接管，被压缩机吸入，经压缩后变成高温、高压的制冷剂气体，再排入冷凝器中冷凝放热，这样周而复始，循环往复，完成连续的制冷过程。

任务小测

1. 填空题（每题10分，共50分）

(1) 送风风扇组件主要是由_____和_____两部分构成的。

(2) 风向叶片组件安装在支架上，它主要由_____、_____和_____组成。

(3) 空调器室内机的电路主要由_____、_____、_____等组成。

(4) 空调器室外机电路部分比较简单，主要由_____、_____、_____等部分组成。

(5) 空调器制冷时，压缩机将高温、高压的气态制冷剂排到_____，轴流风扇吸入_____来冷却冷凝器。

2. 判断题（每题10分，共50分）

(1) 遥控接收和指示灯面板部分对空调器工作状态起着指示作用。　　（　　）

(2) 在制冷过程中，蒸发器表面的温度通常高于被冷却的室内空气露点温度。（　　）

(3) 由冷凝器出来的中温、高压液体必须经过节流装置减压降温，使其温度和压力均下降到原来的低温低压状态。　　（　　）

(4) 分体壁挂式空调器采用毛细管节流。　　（　　）

(5) 性能良好的室温感温头和管温感温头是空调器控制电路正常工作的基础和前提。

　　（　　）

任务 5.4　判断空调器的故障

任务目标：

(1)会判断空调器室内机故障和室外机故障。

(2)掌握判断空调器故障的基本方法。

任务分析：

本次任务以分体式空调器为例，通过"听""看""摸""测"四个方面，学习空调器的故障判断方法，通过完成本次任务，了解空调器正常工作时各个部位的表现情况，学会判断空调器制冷系统和电气系统的故障。完成这项任务预计需要90min，其作业流程图如图5.35所示。

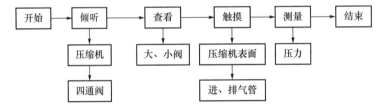

图 5.35　判断空调器故障的作业流程图

空调器在长时间工作后，或多或少会出现一些故障，这就要求对其进行维修。要维修空调器，则需要根据空调器的故障现象，先判断出故障部位，找出故障原因，然后排除故障。因此，掌握判断空调器故障的方法，在空调器的维修中尤其重要。下面介绍常见的空调器故障的判断方法。

实践操作：四步法判断空调器故障

在判断空调器故障的过程中，首先能区分故障是在电气控制系统还是在管路系统。空调器的故障很多，如不制冷、不制热、温控不正常、制热或制冷效果差等故障。有的可能是管路系统的故障，有的可能是电气系统的故障。故障的原因不同，处理的方法也不同，所以首先要能区分故障是在电气控制系统还是在管路系统。通常用"倾听""查看""触摸""测量"四个方法判断空调器故障部位。

1 倾听

"倾听"就是通过听空调器发出的声音来判断故障部位。

1　听压缩机运行时的声响。空调器正常工作时，压缩机和风扇都会有正常的声响，停机时应该能听到"呲"的越来越小的气流声，气流声应低沉。

听四通阀通电瞬间的声响。空调器正常工作时四通阀在通电以后应该能听到"嗒"的一声，也会有"呲"的气流声，这说明四通阀动作正常。

提 示

在压缩机工作时，如果声响比较响亮，说明制冷剂过少，其中的气流声是空气声；如果没有气流声，说明管路系统有堵的现象；如果压缩机出现强烈的"嗡嗡"声，或是压缩机不起动，或是起动困难，应该立刻关掉电源，这说明，压缩机有卡缸或电动机绕组不正常现象。

2　查看

"查看"就是通过眼睛观察，发现故障部位。重点观察以下几个地方：①看室外机大小阀门处螺母是否开裂；②看室外风机接头连接部位是否有油渍，可以由此找出漏点；③看室外机风扇叶片是否被异物卡死；④看室内机蒸发器表面结露情况，若蒸发器表面结霜，这时从出风口会吹出水滴，原因可能是室外机风小或是制冷剂不足等。

仔细观察空调器室外机大小阀门的结霜情况。从图5.36中可以看出大小阀门已经结霜。

图5.36　查看大小阀门结霜情况

提 示

结露、结霜情况：在夏天，空调器的大阀门和小阀门应该结露或滴水。如果制冷剂不足或系统轻微堵塞(也会结霜，但是霜会化掉)就会出现小阀门结霜的现象，此时要进行排堵或加制冷剂；如果制冷剂充入过量，就会出现大小阀门均结霜的现象。

3　触摸

"触摸"就是根据手的感觉来确定故障的部位，如用手触摸室内机、室外机出风风量和温度情况，可判断风机是否有问题、制冷系统是否正常、风道是否畅通等。用手触摸制冷系统各关键部位可初步判断制冷系统的故障原因。具体方法如下。

用手触摸空调器压缩机进气管的温度。在空调器正常工作时，压缩机的进气管应该是凉的，温度为15℃左右。

用手触摸空调器压缩机排气管的温度。在空调器正常工作时，压缩机排气管应热，温度为50～70℃。

用手触摸空调器压缩机表面的温度。在空调器正常工作时，往复式压缩机机壳的温度为50℃左右，旋转式压缩机机壳的温度为90℃左右。若温度过高，则说明压缩机电流过大，负载过重（可能是制冷剂过量，或是电压不足）。

进风口

出风口

用手触摸空调器蒸发器进出风口的温度，在空调器正常工作时，蒸发器的出风口应该有冷风吹出，进风口和出风口的温度差为8～13℃。

提示

(1)如果进气管不凉、排气管不热，会造成不能制冷或制冷效果差。

(2)通过以上触摸过程，可判断制冷系统的工作情况。若温度不正常，则说明制冷系统缺少制冷剂或是制冷系统中有堵故障。

4 测量

"测量"就是用仪表对空调器进行检测，根据检测的数据来判断故障部位，如图5.37所示。

用压力表测室外机大小阀门压力变化情况，可以帮助判断空调器制冷系统的故障。

环境温度大约是30℃时，在制冷状态下，低压侧的压力大约为0.5MPa；在制热状态下，高压侧的压力大约为2MPa；压缩机停机时，低压侧的压力大约为0.7MPa，高压侧的压力应为0。

正常制冷时的压力	系统堵死时的压力	正常制热时的压力	制冷剂泄漏时的压力

图5.37 测压力

提 示

观察压力变化规律。压力表安装在大阀门的维修口，维修时主要看压力的刻度。在制冷时所测的是低压侧的压力；在制热时，由于制冷剂流向相反，所以测的是高压侧的压力。压力过高或过低都说明制冷系统不正常，如出现低压侧压力下降，可能是制冷剂太少，管道微堵，室内风机不转，过滤网积尘等故障；如果出现低压侧压力升高，可能是制冷剂过多，四通阀串气等故障。

做一做

请同学们用上述方法，试着判断一下故障空调器的故障在哪里。

5 操作评价

前面介绍了空调器故障的判断方法，依据表5.5进行评价。

表5.5 空调器故障判断情况评价表

序号	项目	测评要求	配分/分	评分标准	扣分/分
1	倾听空调器运行时各部位的声音	空调器正常运行时，各部位会发出不同声响，根据声响判断故障情况	20	不能通过声响判断故障点，扣20分	
2	查看空调器运行情况	知道空调器故障各部位外观变化情况	20	不能说明各观察点变化情况，扣20分	
3	触摸各关键点温度变化情况	1. 找到温度变化的关键点 2. 正确判断关键点的温度	40	1. 不能找到温度变化关键点，扣20分 2. 不明关键点温度情况，扣20分	
4	测量空调器压力变化情况	根据压力变化情况，找出故障原因	20	不能对压力进行检测扣20分	
安全文明操作		违反安全文明操作(视其情况进行扣分)			
额定时间		每超过5min扣5分			

续表

开始时间		结束时间		实际时间		成绩	
综合评价意见（教师）							
评价教师				日期			

理论知识：空调器故障的特征

1 空调器假故障

判断空调器故障的基本方法："一听""二看""三摸""四测"，注意各步骤的相互衔接，重点在"测"。空调器假故障是指有故障的现象，但是它不是空调器已经损坏，因此要注意区分。

1）不运行

这种不运行不是空调器有故障，可能是没有通电、电压太低、遥控器电池的电量耗尽、温度设置不当、延时电路保护动作等原因。这些情况下都不需要维修空调器，只要将其外部条件处理好，空调器就可以正常运行。

图 5.38　空气过滤网

2）空调器制冷、制热效果差

这种效果差不是空调器有故障，而是空气过滤网积尘太多，如图 5.38 所示，或者是内、外热交换器上有大量尘垢，从而影响排出量和热交换量。

3）噪声较大

主要是共振噪声大，旧空调器部件如风机、压缩机等，磨损后变大的噪声。

4）异味

室内风机吹出怪味，是由于烟雾、家具、食物、垃圾、地毯、污物等散发的气味附着在已脏污的滤网中。

2 空调器真故障

空调器真故障是指空调器既有故障现象又真正地损坏，因此要注意加以辨别。

1）外机连接管路及遥控器出现故障（图 5.39）

（1）室内机特征：无冷风吹出或不吹风，风摆失灵，电源无显示，异响，工作时滴水。

（2）室外机特征：压缩机不工作，四通阀故障，传感器损坏，风机不转。

（3）连接配管及电源线：扎带及保温管存在损伤变形，线路及管路折断等。

（4）遥控器：无信号发出，或部分功能丧失。

图 5.39　空调器管路及遥控器出现故障的特征

2)故障判断的基本思路

空调器故障判断思路是室内机和室外机判断、管路和电路判断。根据由简到繁、由易到难、由浅入深的原则，按系统分段进行检测、判断。

3)判断室内机故障

室内机故障的判断一般以从电路到管路的思路进行，如图 5.40 所示。

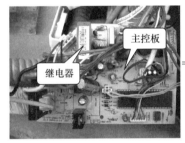  

图 5.40　判断室内机故障

(1)电路部分：检查电源供电是否正常，电路接插件是否有松动脱离，电路板上的器件是否有被烧坏的痕迹；风机是否运转(由于风机、继电器电路故障等原因都能使扫风机不转)。

(2)管路和风路部分：检查管路接头有无泄漏，管道是否破损，排水槽是否堵塞等；风路系统是否畅通。

注意：在判断故障部位时应尽量使用仪器仪表，确保判断的准确性。

4)判断室外机故障

室外机工作的环境比较恶劣，是经常出现故障的地方。

在判断室外机故障时，首先要保证电源正常，然后再进行以下几步的检测。

检测传感器是否损坏。

检测风机是否运转，线路有无开路。

检测电动机的起动电容器是否失效。

检测起动电容器是否损坏或失效。

除此之外还要考虑压缩机有无损坏（注意判断是否线圈损坏或者其他机械故障），融霜电加热器是否损坏等情况。管道部分重点查四通阀及各部件有无损坏或变形，接头处有无泄漏。

5）连接室内机、室外机的管道与接头的故障判断

空调器室内机、室外机连接管道也是故障的高发地，如图5.41所示。

图5.41 连接室内机、室外机的管道易出故障的地方

连接室内外机的管道与接头的故障判断主要看管道和各种接头以及各电源线有无损坏，保温管和扎带有无明显损坏，两端喇叭口及带阀门管座有无损坏，排水管是否良好等。

3 判断遥控器故障

遥控器故障的判断程序是，看外观有无损伤，电池是否有电，按键是否失灵、损坏，最关键的是用仪器（比如收音机或遥控器专用检测器）判断遥控器是否有信号发出。遥控器易损坏部件是晶振，应注意判别。

任务小测

1. 填空题(每题10分，共50分)

(1)环境温度大约为30℃时，在制冷状态下，低压侧的压力大约是_____MPa。

(2)环境温度大约为30℃时，在制热状态下，高压侧的压力大约是_____MPa。

(3)压缩机停机时，低压侧的压力大约是_____MPa。高压侧的压力应为_____MPa。

(4)如果制冷剂不足或系统轻微堵塞(也会结霜，但是霜会化掉)就会出现_____现象，要进行排堵或加制冷剂；如果制冷剂充入过量，就会出现_____现象。

(5)空调器正常工作时，压缩机的进气管应该_____，大约是_____℃，排气管应该_____，大约是_____℃，如果进气管不凉，排气管不热，会造成不能制冷或制冷效果差，往复式压缩机机壳的温度大约_____℃，旋转式压缩机机壳的温度大约_____℃，蒸发器的出风口应该有冷风吹出，进风口和出风口的温度差大约有_____℃，处于以上情况说明制冷系统工作良好。

2. 判断题(每题10分，共50分)

(1)空调器正常工作时，压缩机和风扇都会有正常的声响，停机时应该能听到"呲"的越来越小的气流声，气流声应低沉。　　　　　　　　　　　　　　（　　）

(2)如果压缩机出现强烈的"嗡嗡"声，或是压缩机不起动，或是起动困难，应该立刻关掉电源。　　　　　　　　　　　　　　　　　　　　　　　　（　　）

(3)在制冷时所测的是高压侧的压力；在制热时，由于制冷剂流向相反，所以测的是低压侧的压力。　　　　　　　　　　　　　　　　　　　　　　　　（　　）

(4)分析空调器故障应本着管路判断和电路判断分开、由简到繁、由浅入深、按系统分段等思路进行检测、判断。　　　　　　　　　　　　　　　　　　（　　）

(5)在夏天，空调器的大阀和小阀应该结露或滴水，不能结霜。　　　　（　　）

任务5.5　空调器制冷系统故障检修

任务目标：

(1)会检修不制冷也不制热故障。

(2)会检修只能制冷或只能制热故障。

(3)会检修制冷、制热效果差故障。

(4)会检修空调器漏水故障。

任务分析：

根据空调器常见故障，将空调器制冷系统的故障分为"不制冷也不制热""只能制冷或只能制热""制冷、制热效果差""空调器漏水"等，对常见故障分别进行检修，使大家具备处理空调器常见故障的能力。完成这项任务预计需要90min，其作业流程图如图5.42所示。

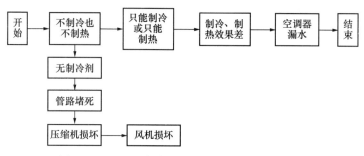

图5.42　空调器制冷系统故障检修的作业流程图

前面已经介绍了空调器故障的判断方法，空调器制冷系统故障表现形式虽然多种多样，但是常见的是"不制冷也不制热""制冷、制热效果不差"等故障现象。

实践操作：空调器制冷系统常见故障检修

1　不制冷也不制热故障检修

空调器产生不制冷也不制热故障的原因有两个方面，一方面是电气系统的故障（比如，整机不起动、压缩机不运转、风机不转动等）；另一方面是管路通风系统的故障。产生这类故障的主要原因有无制冷剂、管路堵死、压缩机损坏、风机损坏等。

1)制冷系统无制冷剂

空调器无制冷剂时的故障特征是：压缩机的排气管不热，进气管不凉，用压力表测得压力为零，运转电流小于正常值，制冷时无冷风吹出，制热时无热风吹出。检修过程如下。

在大阀门上安装检修阀，测量此时的压力。若制冷剂漏完，压力表上的压力为0。

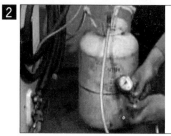

给系统内充入氮气，进行加压保压，看压力表变化情况。若压力表显示压力不断减小，说明系统有漏故障；若压力表无明显变化，则需在24h后再看压力表压力有无变化。

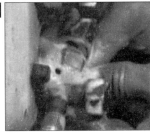

3 若压力表压力减小，可用肥皂水检漏法进行检漏。一般情况下，故障多为内-外机连接管道螺母破裂、内-外机连接管接头处泄漏以及室外机各焊接部位泄漏。找到漏点后需进行补漏操作后再加压保压进行检测。

4 在补漏成功后，还要进行抽真空操作后再充注制冷剂(在前面已经讲过)，最后通电试机。

2) 管路堵死

管路堵死的故障特征：用压力表测量低压侧的压力为零或为负值，用钳形电流表测量工作电流增大到正常值的 5 倍以上，过热、过流保护器频繁动作。检修过程如下。

1 当怀疑出现堵死故障时，要用维修空调器的专用工具旋开大阀开关，先将空调器制冷系统中的制冷剂放掉。

2 用焊枪焊开干燥过滤器，再分别通过大阀门和小阀门充入氮气进行吹污操作。吹污完成后，还要进行抽真空，再充注制冷剂，最后通电试机，维修完毕。

注意： 在放制冷剂时手不能接触放出的冷气，以免冻伤。若不能吹通，则要更换毛细管和干燥过滤器。

3) 压缩机损坏

压缩机损坏一般为绕组损坏，使压缩机压缩功能失效、卡缸等，故障比较直观。在维修时一般都需要更换压缩机，检修过程如下。

	取下和压缩机相连接的电路板的连接线。
	放掉制冷剂，用气焊断开与压缩机连接的高低压管，更换压缩机。

提示

（1）在更换压缩机前要先安装检修阀，对管道系统进行排污处理，放掉制冷剂，然后取下电路板才能进行更换压缩机的操作。空调器压缩机的更换方法与电冰箱压缩机的更换方法类似，这里不再重复。

（2）压缩机不转，首先应测试压缩机起动继电器是否损坏，再考虑压缩机本身是否损坏。

4）风机损坏

风机的故障包括室内机的风机故障和室外机的风机故障，故障比较直观。一般情况下，风机损坏后，风叶不会转动，也不出风。检修过程如图5.43所示。

(a)取下固轮圈　　　　　　(b)取下叶轮　　　　　　(c)取下电动机

图5.43　更换风机

打开空调器室外机的外壳，从外向内进行，先取下固轮圈，再取下叶轮，最后取下风机。更换新的风机后，再从内向外，安装好电动机、叶轮、固轮圈。

提示

（1）在更换风机时，注意要更换为同一型号的风机。安装风机的步骤是取下风机的逆过程。

（2）风机不转，首先应考虑风机起动电容器是否损坏，再考虑风机本身是否损坏。

2　只能制冷或只能制热故障检修

一个空调器只要能完成制冷或制热的过程，就说明管路通风系统都是正常的，如果出现制热不制冷或者制冷不制热的现象，一般是四通阀工作不正常引起的。四通阀工作不正常，一种情况是电源供电不正常；另一种情况是四通阀本身损坏，这时就需要更换四通阀。检修过程如下。

 用焊枪取下四通阀。在焊接时，注意用铁板在需要保护的地方挡一下，以防止在加热时损坏其他部位。

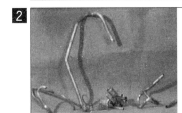 用焊枪将坏的四通阀与管道分开，并在管道上做记号，标明它与四通阀的哪个管口相接。

将新的四通阀与取下的管道进行连接，在焊接时要按照第2步所标明的记号进行，不能接错。

 对四通阀的四个接口用氮气吹干，将四通阀接入管路。

接好后，先要使压缩机通电运转一下，吹掉内部的污垢（具体做法是给压缩机通电，打开大小阀门，大约运行5min）。

提示

（1）四通阀在安装过程中很容易因为过热而损坏。所以，在取下四通阀时，不能从距四通阀较近的接口焊开，而是要将与四通阀相连接的就近的管路一起焊下，然后再取下坏的四通阀。要特别注意记住管路与四通阀的摆放位置。

（2）在换上新的四通阀时，由于其易过热损坏，因此在焊接四通阀时，应将四通阀放置于水中进行焊接，以降温。但是需注意，四通阀的管路内不能进水。如果不小心进水，则在焊好四通阀后应用氮气将四通阀内的水分吹出，四个接口都要吹。

3 制冷、制热效果差的故障检修

引起制冷、制热效果差的故障原因很多，维修难度也较大，表 5.6 列出了常见的故障原因、故障特点与判断、处理方法。

表 5.6 制冷、制热效果差的故障原因、故障特点与判断、处理方法

故障原因	故障特点与判断	处理方法
制冷剂过少	1. 低压压力减少，低于 0.5MPa，高压压力也减少 2. 压缩机进气管不凉，排气管不热，小阀门结霜 3. 制热时只工作几分钟或十几分钟，室外机的热交换器就会结霜 4. 工作电流小于额定值	查找泄漏部位，进行补漏、抽真空、加制冷剂、试运行
制冷剂过多	1. 低压压力增加，高于 0.5MPa，高压压力也升高 2. 排气管的温度会升高 3. 工作电流大于额定电流 4. 大小阀门结霜	放掉多余的制冷剂
热交换器性能不良	热交换器性能不良，一般是灰尘多或者除霜电路不良造成的，主要引起热交换器空气流通不良，从而热交换器性能不良，导致工作电流上升，出风温度升高，甚至造成过流保护	清洁热交换器，可用气吹、刷子刷、水洗(注意，水洗的时候不能弄湿电动机控制部分的部件)
压缩机压缩性能不良	1. 压缩机绕组短路、开路 2. 绕组击穿漏电 3. 卡缸 4. 吸排气不足	更换压缩机
四通阀串气	四通阀串气是指四通阀内部的高压和低压气体有泄漏和串通的现象，这样会造成管路系统制冷剂流通得不正常，制冷、制热效果差。四通阀串气后，低压的压力会升高到 0.7MPa 左右	更换四通阀

故障原因	故障特点与判断	处理方法
有微堵的现象	微堵是由管道中的水分和脏污造成的，因为没有堵死，所以仍然能制冷和制热，只是效果变差 1. 低压压力和高压压力降低 2. 进气管不凉，排气管不热 3. 小阀门时而结霜时而化霜	同堵死故障的检修
风机通风不良	风机通风不良与热交换器性能不良的故障相似 1. 风叶打滑或损坏 2. 风机电动机运转不良 3. 电动机轴承缺油或损坏	1. 风叶打滑或损坏，需要坚固或更换 2. 风机电动机运转不良，需要更换电动机 3. 电动机轴承缺油或损坏，需要加油或更换轴承

4 空调器漏水故障检修

分体壁挂式空调器室内机出现漏水现象有正常与不正常两种：如果环境潮湿、空气相对湿度大于80%时，室内机吹出的凉风会立即使附近的潮湿空气温度降至露点，形成雾状小水珠滴下，这属于正常现象；如果从送风口吹出很多水珠，或者水珠从机壳中直接渗出滴落，则属于不正常现象，应立即断电并排除故障。下面分别介绍几种漏水情况。

1）机型原因造成的漏水

有些分体壁挂式空调器的室内机接水盘一般不大，其宽度也难以设计成大于蒸发器的厚度，致使有些机型不能完全承接蒸发器流下的冷凝水，水珠会滴到接水槽外而渗出机壳。此外，有些机型的接水槽强度不够，长端的中间部位有明显下凹，冷凝水积满后也会从该处溢出。

2）空调器设计不合理造成漏水

有些生产厂家为尽量减少模具费用，采用一个壳体两种型号使用，比如1匹的空调器与1.5匹的使用同一种型号的室内、室外机壳体。这样，对于1.5匹机型，其冷凝面积较大，致使蒸发面积变小，蒸发压力降低，在相同环境条件下容易形成漏水现象。

3）工艺粗糙造成漏水

制造工艺粗糙，蒸发器翅片不整齐，倒片、叠片而未修复，致使冷凝水流动不畅而过多滞留，不能流入接水盘，从而滴在机壳内部流到墙壁或地上，形成漏水。

4）因保温材料造成漏水

空调器运转一定时间后，室内机壳体的某些部位的温度也会降至露点形成冷凝水。因此，需要在这些部位粘贴保温材料，防止结露。如果保温材料质量较差或粘贴不牢就会造成漏水。因此要选用保温、防水性能好的材料，并且粘贴既要严密又要牢固。

5）安装不当造成漏水

安装分体壁挂式空调器的室内机时，如果出水管出口高于接水盘，或倾斜度不够、出水管被墙洞压瘪以致水流不畅造成漏水。

6）制冷剂泄漏造成漏水

如果空调器内制冷剂泄漏，系统内制冷剂不足，也会引起漏水。这一点应特别引起注意。因为制冷剂不足，蒸发压力会过低使蒸发器部分结霜，阻碍冷凝水流入接水盘，而由

面罩外泄造成漏水。若蒸发器结霜，停机后固态冰霜与水混合，更容易造成漏水，对这类
故障应找到泄漏点，修复后补充适量制冷剂即可排故。

做一做

请同学们将空调器制冷或制热效果差的故障排除。

5 操作评价

前面介绍了空调器制冷系统故障的判断方法，下面依据表 5.7 对空调器制冷系统故障
判断的技能进行测评。

表 5.7　空调器制冷系统故障检查情况评价表

序号	项目	评价内容	配分/分	评分标准	自评/分	互评/分	教师评价/分	平均成绩/分
1	通电试运行	通电安全规范	10	通电操作不规范，扣10分				
2	充加制冷剂	充加制冷剂操作动作规范	20	充加制冷剂操作不规范，扣20分				
3	判断故障所在	故障判断正确	40	故障判断错误，扣40分				
4	故障处理意见（填写在以下栏目中）	提出的处理意见明了、可操作	30	1. 提出处理意见不正确，扣10分 2. 提出处理意见不明了，扣10分 3. 提议补充的制冷剂量不正确，扣10分				
更换毛细管，恢复空调器正常操作意见								
开始时间		结束时间		实际时间		成绩		
综合评价意见（教师）								
评价教师				日期				
自评学生				互评学生				

理论知识：家用空调器的常见故障及分析

1 制冷系统部件故障分析

1）压缩机常见故障及维修方法

（1）压缩机常见故障。

①绕组短路、断路和绕组碰壳。

②压缩机抱轴、卡缸。

③压缩机吸气阀、排气阀关闭不严。

④压缩机的震动和噪声。

⑤热保护器损坏。

(2)压缩机常见故障维修方法。压缩机电动机部分出现问题,压缩机吸气阀、排气阀关闭不严和热保护器出现故障应采取更换压缩机的办法。压缩机抱轴、卡缸故障可以先尝试维修,具体方法有以下几种。

①敲击法:开机后用木槌敲击压缩机下半部,使压缩机内部被卡部件受到震动而运转起来。

②电容器起动法:可以用一个比原来更大的电容器接入电路起动。

③高压起动法:可以用调压器将电源电压调高后起动。

④卸压法:将系统的制冷剂全部放空后起动。

2)电磁四通阀常见故障及维修方法

(1)电磁四通阀常见故障有如下几种。

①电磁阀不换向。

②电磁阀线圈短路。

③电磁阀滑块变形。

④四通阀串气。

(2)电磁四通阀常见故障维修方法。

①电磁换向阀线圈开路、短路或烧坏时阀芯不能吸合,引起滑块不能动作,应更换电磁阀线圈。

②电磁阀衔铁被卡住,阀芯不能动作,引起滑块也不能动作。应更换电磁四通阀。

③电源电压低于电磁阀额定值时,电磁阀进出口压力差超过开阀能力,这时阀门内时常发出"哒哒"噪声,引起阀芯吸合不上,应改进电源。

④系统高温、高压及机内有杂质,引起滑块变形、卡死,应更换电磁四通阀。

⑤阀芯被卡死,断电后电磁阀不能关闭,应更换电磁四通阀。

⑥电磁阀密封垫受损或紧固螺钉松动,引起制冷剂泄漏,换密封垫并紧固螺钉。

⑦阀门上毛细管堵塞或断裂,或系统严重泄漏引起滑块不能动作,清洗毛细管或用稍粗于断裂毛细管的铜管套焊。

⑧阀内存有污物、阀座或阀针受损以及弹簧力过小,造成电磁阀关闭不严,应更换电磁四通阀。

⑨空调器制冷系统中电磁四通阀串气的判断:制冷时收氟,氟快收完时回气为常温,这时用手摸电磁四通阀两根低压管,没有明显的温差时四通阀正常(两根高压管当然是很热的不用摸),串气的电磁四通阀低压进管是常温,出管(到压缩机)则明显变热;串气的电磁四通阀有较大的气流声;电磁四通阀串气会导致收氟时收不尽,回气压力为0.1MPa以上。

⑩四通阀门内部泄漏,造成高压制冷剂气体向低压侧泄漏,不能使换向阀活塞两端建

立起正常的压力，则应更换换向阀。如果制冷系统压力差过大，不能使换向阀换向，就要检查制冷系统压力或查找泄漏点，并予以填补制冷剂。

3)热交换器常见故障及维修方法

(1)影响蒸发温度的因素。影响蒸发温度的因素有以下几点。

①空气过滤网堵塞。

②节流阀堵塞，如果系统有杂质，就会造成干燥过滤器堵塞，系统供液困难，影响制冷效果。

③制冷剂太少，应追加制冷剂。

(2)影响冷凝压力的因素。

①冷凝器脏堵。家用空调器一般采用风冷式冷凝器，它由多组盘管组成，在盘管外加肋片，以增加空气侧的传热面积，同时，采用风机加速空气的流动，以增加空气侧的传热效果。因片距较小，加上机房空调连续长时间使用，飞虫杂物及尘埃粘在冷凝器翅片上，致使空气不能大流量通过冷凝器，热阻增大，影响传热效果，导致冷凝效果下降，高压侧压力升高，在制冷效果降低的同时，功耗增加。

根据空调器使用环境并根据脏堵情况，应定期对空调器室外机进行冲洗。具体方法是用水枪或压缩空气，由内向外冲洗空调器冷凝器，清除附在冷凝器上的杂物和灰尘，以保证良好的散热效果。

②系统内部有空气。如果空调器抽真空不够，加液时不小心混入空气。空气在制冷系统中会影响制冷剂的冷凝放热，使冷凝压力升高，多出来的空气将占据在冷凝器上部分面积。由于排气压力增高，排气温度也升高，制冷量减少，耗电量增加，所以必须清除系统中的空气。

③制冷剂冲注过多，冷凝压力也会升高。多余的制冷剂会占据冷凝器的面积，造成冷凝面积减少，使冷凝效果变差。

2 家用空调器常见故障

1)制冷运行时，风扇运转，压缩机不运转的故障

主要原因有如下几种。

(1)室温设定过高，使压缩机不能工作。

(2)压缩机的过载保护器处于断开状态。

(3)压缩机起动电容器损坏，测量其阻值不为无穷大。

(4)压缩机电动机损坏，万用表测量其绕组阻值为无穷大或零。

(5)压缩机起动继电器损坏。

2)压缩机开停频繁的故障

主要原因有如下几种。

(1)室温传感器安放位置与蒸发器接触或与蒸发器表面太近，室温传感器很容易受到蒸发器温度波动的影响，使压缩机频繁开停。

(2)电源电压不稳定，时高时低，运转时保护停。

(3)过载保护器失效,造成运转电流过大,产生过流保护,时开时停。

(4)冷凝器脏堵,造成通风不畅,散热性能下降。

(5)轴流风扇卡住或打滑、风速太小或不转,造成冷凝器温度过高,热量散发不出去。

3)蒸发器表面结霜或结冰

主要原因有如下几种。

(1)制冷剂充注过多,导致在蒸发器前部分无法蒸发,而后部分受压缩机吸气的影响急剧蒸发,导致蒸发压力和温度偏低结霜或结冰。此时应放掉多余的制冷剂。

(2)温控器的感温包探头离蒸发器太远或在蒸发器的高温区附近,从而感受不到制冷温度的变化,使压缩机一直处于不停机状态而结霜。此时应调整感温包到适当位置。

(3)制冷剂减少也会造成蒸发器表面结霜或结冰,此时需要补充制冷剂。

4)空调器运转时噪声过大

主要原因有如下几种。

(1)室外机底座固定螺栓松动,应紧固底座螺栓。

(2)室内机组风扇或室外机组风扇扇叶与壳体相碰,应调整风扇叶位置。

(3)室内或室外风扇轴承破损,应更换轴承。

(4)室内机组风扇松动,应紧固室内机组风扇。

(5)室内机组风扇叶片的定位锁紧螺钉松动或定位偏移。

(6)压缩机底脚螺钉松动或压缩机内有异常声音。

(7)室内、外机连接管道弯曲变形严重,造成节流,在蒸发器内会发出节流声。

(8)室内、外机管道碰撞发出异常声响。

5)压缩机运转但不制冷的故障原因

主要原因有如下几种。

(1)制冷剂不足。

(2)电磁四通阀失灵,毛细管堵、线圈烧坏等。

(3)空气过滤网积灰太多。

(4)热交换器积灰太多。

(5)系统内有空气。

任务小测

1. 填空题(每题 10 分,共 50 分)

(1)管路通风系统的故障导致不制冷也不制热的原因有＿＿＿＿＿＿＿＿＿、
＿＿＿＿＿、＿＿＿＿＿、＿＿＿＿＿。

(2)制冷系统堵死的故障现象:＿＿＿＿＿,＿＿＿＿＿＿＿＿,＿＿＿＿＿。

(3)微堵也是由管道中的水分和脏污造成的,因为没有堵死,所以仍然能制冷和制热,只是效果不佳。现象:①＿＿＿＿＿,②＿＿＿＿＿,③＿＿＿＿＿。

(4)制冷系统中气液分离器的作用是＿＿＿＿＿＿＿＿＿。

(5)制冷系统中室内热交换器的作用是＿＿＿＿＿＿＿＿＿。

2. 判断题(每题 10 分，共 50 分)

(1)系统制冷剂泄漏只会造成制冷不良，不会造成制热不足。　　　　　( )

(2)在制冷系统中充入氮气后可用肥皂水涂在系统的各个接头处进行检漏。( )

(3)制冷系统经加压试验检漏，抽真空合格后，即可充注制冷剂。　　　( )

(4)换上新的电磁四通阀的时候，由于电磁四通阀易过热损坏，因此在焊接电磁四通
阀时，应将其放置于水中进行焊接，以降温。　　　　　　　　　　　( )

(5)制冷系统管道接头或焊接处有油迹，表示该处有泄漏情况。　　　　( )

任务 5.6　空调器电气控制系统故障检修

任务目标：

(1)会检修整机不工作的故障。

(2)会检修温度控制不灵故障。

(3)会检修空调器遥控故障。

任务分析：

本任务要求对空调器电气控制系统常见故障进行检修。空调器电气控制系统的故障分
为"整机不工作""温度控制不灵""空调器遥控接收不正常"等，通过实训学会处理空调器常
见电气控制系统故障。要完成本任务预计需要 90min，其作业流程图如图 5.44 所示。

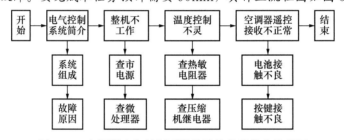

图 5.44　空调器电气控制系统故障检修的作业流程图

前面已经介绍了空调器制冷系统的故障维修方法，但是空调器出现故障不仅仅是在制
冷系统，电气控制系统出现故障也会直接导致空调器不能正常工作。

实践操作：空调器电气控制系统常见故障检修

1 电气控制系统简介

空调器的主控电路板品种很多，它的主要组成如图 5.45 所示。

电气控制系统的主要故障是由于元器件损坏、接触不良、电路短路、开路、供电不正
常等原因造成的，判断故障时主要以电压、电流、电阻等物理量的变化为依据。处理故障
的办法主要是更换损坏的元器件或进行相应的处理。由于涉及电，操作一定要遵从安全规
范，避免造成人身伤害。下面介绍几种常见电气控制系统故障的检修方法。

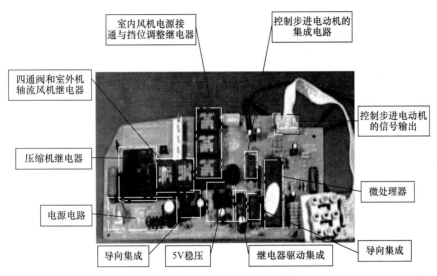

图 5.45　空调器的主控电路板

2　整机不工作

1)市电源供电不正常

空调器电源线的连线如图 5.46 所示。

当空调器出现电源供电不正常时，需要根据供电线路进行检测，具体步骤如下。

图 5.46　空调器电源线的连接

1 	用万用表检测室内电源接线柱，即判断 220V 市电是否接入。
2	检测电路板上保险管是否被烧坏。若阻值无穷大，说明保险管断路；若阻值很小或者为 0，则说明保险管是好的。

提示

当市电源供电正常，用万用表的交流 500V 挡测量市电源是否供到空调器中，如果没有供到，属于插头、插座、导线的问题。另外也要考虑电源电压浮动的范围是否在额定值以内，电压过低或过高都会导致保护电路动作，使整机不能正常工作。如果电源送到了室内机的接线板，就要考虑保险管是否熔断。如果熔断，要查明熔断的原因（主要查变压器是否有短路，整流二极管和滤波电容器是否被击穿，电路是否有短路，压缩机、风机、四通阀的绕组是否有短路）。

2）微处理器工作不正常

当出现微处理器工作不正常时，首先要检查它的三个基本工作条件：5V 的供电电压、时钟电路和复位电路。

(1)测 5V 工作电压如果不正常，是 5V 整流滤波电路的故障。

(2)检查时钟电路引脚电压，与正常值作比对。一般来说这两个值应有一定差值，若在 1V 以内，可以认为有振荡信号。

(3)检查复位引脚，复位引脚在开机瞬间应为 0V，而后保持为 5V 左右。

提 示

(1)如果 5V 供电电压正常，时钟电路没有起振，可以更换晶振，也可更换与这两个引脚相关的元器件，如果仍然没有起振，说明微处理器损坏。

(2)如果三个条件都满足，微处理器仍不工作，则需更换微处理器。

3 温度控制不灵

当空调器出现温度控制不灵时，应重点检查进风口的感温热敏电阻器和压缩机继电器，具体步骤如下。

1  检测进风口的感温热敏电阻器，要判断其好坏，通过温度计，对进风温度和设定温度进行比较，若不一致，则说明感温热敏电阻器损坏，应更换感温热敏电阻器。

2  检测压缩机继电器，若感温热敏电阻器是好的，则可取下压缩机继电器，检测其好坏；若有故障，则更换。

提 示

温控不正常要进行检查、判断和处理。若制冷、制热均是正常的，只是达到设定温度后压缩机不停机，说明温控电路不正常。故障的原因可能有两个：一是进风口感温热敏电阻器损坏；二是压缩机供电的继电器接点已被粘住，需要更换感温热敏电阻器或者是为压缩机供电的继电器；若没有达到设定温度就停机，这是由于进风口感温热敏电阻器损坏，需要将其更换。

4　空调器遥控接收不正常

空调器遥控接收不正常也是比较容易出现的故障。正常时，室内机上的遥控接收头收到遥控器发出的信号时，会有"嘀"的一声响，如果没有响声，空调器没有按指令工作，说明遥控接收不正常。检修的具体步骤如下。

1 用小螺钉旋具拆下固定遥控器外壳的螺钉，打开遥控器。

2 用棉签沾无水酒精，清洗遥控器上各个按键，清洁按键后将遥控器组装好。

提示

遥控接收不正常故障大多发生在遥控器上。常见故障为电池接触不良，可以检查电池接线铜片，如果锈蚀，则需要打磨干净；若某一个按键不正常，则说明是按键接触不良，可以通过清洁的方法解决。

做一做

请同学们试着排除空调器电气控制系统的故障。

5　操作评价

依据表5.8对空调器电气控制线路安装情况进行评价。

表5.8　空调器电气控制线路的安装情况评价表

序号	项目	评价内容	配分/分	评分标准	自评/分	互评/分	教师评价/分	平均成绩/分
1	空调器整机不工作	工作恢复正常	30	1. 能排除电源线段损坏故障，得10分 2. 能排除晶振损坏故障，得20分				
2	温度控制不灵	工作恢复正常	40	1. 能排除热敏电阻器损坏故障，得20分 2. 能排除压缩机继电器损坏故障，得20分				

序号	项目	评价内容	配分/分	评分标准	自评/分	互评/分	教师评价/分	平均成绩/分
3	遥控接收不正常	工作恢复正常	30	1. 能排除遥控接收故障，得 20 分 2. 能排除遥控器的故障，得 10 分				
	安全文明操作	违反安全文明操作(视其情况进行扣分)						
	额定时间	每超过 5min 扣 5 分						
	开始时间		结束时间		实际时间		成绩	
	综合评价意见(教师)							
	评价教师			日期				
	自评学生			互评学生				

理论知识：变频空调器的组成和工作原理

1 变频空调器的组成

空调器分定频空调器和变频空调器。定频空调器控制系统比较简单，出现故障也易维修。为了节能和环保出现了变频空调器，它的控制系统比较复杂，维修也比较困难。下面以某品牌变频空调器为例进行介绍。

1)变频空调器的特点

变频空调器是在普通空调器的基础上选用了变频专用压缩机，增加了变频控制系统。它的基本结构和制冷原理与普通空调器完全相同。变频空调器的主机是自动进行无级变速的，它可以根据房间情况自动提供所需的冷(热)量；当室内温度达到期望值后，空调器主机则以能够准确保持这一温度的恒定速度运转，实现"不停机运转"，从而保证环境温度的稳定，空调器始终处于最佳的转速状态，从而提高能效比(比常规的空调器节能 20％～30％)。变频空调器具有以下特点。

(1)起动电流小，转速逐渐加快，起动电流是常规空调器的 1/7。

(2)没有忽冷忽热的毛病，因为变频空调器是随着温度接近设定温度而逐渐降低转速，逐步达到设定温度并保持与冷量损失相平衡的低频运转，使室内温度保持稳定。

(3)噪声比常规空调器低，变频空调器采用的是双转子压缩机，大幅降低了回旋不平衡度，室外机的振动非常小，约为常规空调器的 1/2。

(4)制冷、制热的速度比常规空调器快 1～2 倍。变频空调器采用电子膨胀节流技术，微处理器可以根据设置在膨胀阀进出口、压缩机进气管等多处的温度传感器收集的信息来控制阀门的开启度，以达到快速制冷、制热的目的。

2)变频空调器的组成

变频空调器由制冷系统、电气控制系统和风路系统等组成。制冷系统的组成如图 5.47

所示，它与定频空调器制冷系统是一样的，只是压缩机用的是变频压缩机。

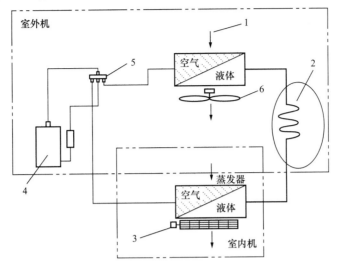

1—冷凝器；2—制冷毛细管；3—贯流风机；4—变频压缩机；5—电磁四通阀；6—轴流风机。

图 5.47　变频空调器制冷系统的组成

变频空调器电气控制系统比定频空调器电气控制系统复杂得多，它的基本组成框图如图 5.48 所示，在主板上电路的划分和关键点的检测如图 5.49 所示。

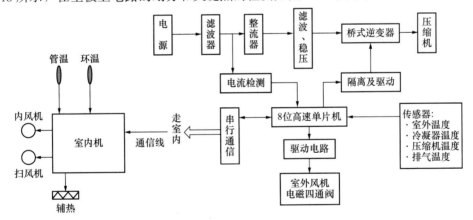

图 5.48　变频空调器电气控制系统基本组成框图

变频空调器各部分的作用如下所述。

强电滤波电路：位于外机控制板前端，由保险管、压敏电阻器、放电管、电容器、共模/差模电感器、氧化膜电阻器等组成，用于工频交流电源滤波，有 PTC 电阻器限流保护，并有浪涌吸收电路滤除高电压的干扰。

整流滤波电路：由大功率整流桥及高电压大容量电解电容器组成，将工频交流电源整流滤波成直流电源，用于后续电路供电。

PFC(power factor correction，功率因数校正)电路：由大电感、大功率绝缘栅双极晶

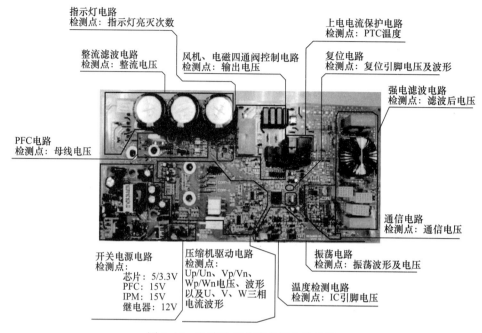

图 5.49　电路的划分和关键点的检测

体管(IGBT)及其控制保护电路组成，用于提高整机的功率因数，减少对电网的谐波干扰并具有升压作用。

IPM(intelligent power module，智能功率模块)逆变电路：由 IPM 模块及其控制、保护、检测电路构成，在数字信号处理器(DSP)的控制下，通过 IPM 模块，将整流升压后的直流电压转化为可控的三相交流电源输送至压缩机的永磁同步电动机，从而达到调节压缩机转速的目的。

开关电源电路：利用开关电源芯片周期性控制内部开关器件的通断来调整输出所需的稳定的低压电压源以提供后端各种芯片及继电器、感温包等的工作电压。

温度检测电路：利用各类感温包采集相应温度以便处理器根据具体环境作出相应的运算控制，以及在检测到出现异常情况时及时输出保护信号。

通信电路：由室外内通信发送、接收电路及室内外连接线构成，用于室内机和室外机之间的通信，将室内机检测温度与设置温度等信号传递至室外机处理，并将室外机处理结果及保护状况传递至室内机显示。

风机、电磁四通阀控制电路：室外风机及四通阀等部件的协调控制。

2 变频空调器基本工作原理

1)变频空调器的基本原理

变频空调器主要是改变以往压缩机在恒定 50Hz 频率下运转，输出功率恒定的状况。通过微电子程序随着不同要求调节输给压缩机电源的频率，使压缩机的转速改变，可在 20～120Hz 之间变化，达到压缩机输出的功率可调，同时，还使电源电压范围达到 142～270V，彻底解决了由于电网电压的不稳定而造成空调器不能正常工作的难题。这样,空调器就改变了时开时停的工作方式,可以在需要时以高频率运转,进行快速制冷、制热,在不需要时达到较小的输出功率和高于普通定频机50%以上的能效比,平稳地进行温度调节,完全实现了温度的无级调节。

2)变频空调器室内、外机控制器的作用及分工

变频空调器的控制过程是:人控制遥控器,遥控器将信息传给室内机,室内机通过通信线将信息传给室外机,实现各种功能的控制。空调器室内、室外机控制器作用及分工如图5.50所示。

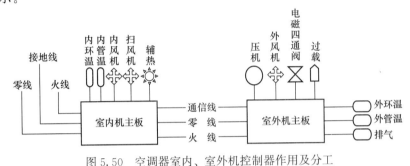

图5.50 空调器室内、室外机控制器作用及分工

室内机主板的作用如下。

(1)接收用户温度需求信息。

(2)采集温度并传至室外机。

(3)显示各种参数或故障代码。

室外机主板的作用如下。

(1)接收室内机信息,综合分析各种参数,并开启压缩机。

(2)根据系统需要,对风机、电磁四通阀、压缩机等进行控制。

(3)采集室外机系统参数、判断系统是否工作正常。

■ 3 变频空调器的优点

1)节能

由于变频空调器通过内装变频器,随时调节空调器心脏——压缩机的运转速度,从而做到合理使用能源;由于它的压缩机不会频繁开启,会使压缩机保持稳定的工作状态,这可以使空调整体达到节能30%以上的效果。同时,这对噪声的减少和延长空调器使用寿命有相当明显的作用。

2)噪声低

由于变频空调器运转平衡,振动减小,噪声也随之降低。

3)温控精度高

它可以通过改变压缩机的转速来控制空调机的制冷(热)量。其制冷(热)量有一个变化幅度,如36GW变频的制冷量为360~400W,制热量变化为300~6800W,因此室内温度

控制可精确到±1℃，使人体感到很舒适。

4）调温速度快

当室温和设定温度相差较大时，变频空调器开机即以最大的功率工作，使室温迅速上升或下降到设定温度，制冷（热）效果明显。

5）电压要求低

变频空调器对电压的适应性较强，有的变频空调器甚至可在142～270V电压下起动。

6）环境温度要求低

变频空调器对环境温度的适应性强，有的甚至可在−15℃的环境温度下起动。

7）一拖二智能控温

可智能地辨别房间大小并分配冷（热）量，使大小不同的房间保持同样的温度。

8）保持室温恒定

变频空调器采用了变频压缩机，变频空调器可根据房间冷（热）负荷的变化自动调整压缩机的运转频率。达到设定温度后变频空调器以较低的频率运转，避免了室温剧烈变化所引起的不适感。当负荷小时运转频率低，此时压缩机消耗的功率小，同时避免了频繁开停，从而更加省电。

4 变频空调器的选购和使用

由于变频空调器是采用由计算机控制的变频器与变频压缩机组成的高技术产品，用户在选购、安装和使用时应注意以下几点。

(1)在选购时，根据房间面积来确定所选变频空调器匹数的大小(一般1匹变频空调器可用于$14m^2$左右的房间)，尽量避免在超面积情况下使用。

(2)在安装、维修过程中，当需添加制冷剂时，应先将空调器设定在试行方式下运行或通过调节设定温度的方式使变频压缩机工作于50Hz状态下，然后按量加入制冷剂。

(3)变频空调器的室外机为由微型计算机控制的变频器，其印制电路板在高温及潮湿的环境中较易损坏，因此其室外机应安装在干燥通风处，避免日光暴晒和雨淋。如发生开机后室外机自动停机现象，应立即停机进行修理以免故障扩大。

(4)在日常使用中不要将温度设置过低，以避免空调器长期处于高速运行状态。最好设置在自动运行方式，这样既能快速制冷又能节电。

任务小测

1. 填空题(每题10分，共50分)

(1)微处理器电路的三个基本工作条件：_____、_____和_____。

(2)电气控制系统主要的故障是由于_____、_____、_____、_____等原因造成的。

(3)判断空调器电气控制系统故障主要是根据_____、_____、_____等物理量的变化为依据。

(4)房间空调器的电动机主要是_____电动机和_____电动机。

(5)当空调器出现温度控制不灵敏时，应重点检查_____和_____。

2. 判断题(每题10分，共50分)

(1)额定输入功率是指在标准工况下制冷或制热时空调器所消耗的功率。　　　(　　)

(2)听取用户反馈是维修人员获取维修空调器信息的第一步。　　　(　　)

(3)市电源供电不正常，首先要考虑市电源是否供到空调器中。　　　(　　)

(4)房间空调器的绝缘电阻器阻值应在2MΩ以上。　　　(　　)

(5)变频空调器是采用由计算机控制的变频器与变频压缩机组成的高技术产品。

(　　)

参 考 文 献

白秉旭，2008. 电冰箱、空调器设备原理与维修[M]. 北京：人民邮电出版社 .

辜小兵，2010. 制冷技术基础与技能[M]. 重庆：重庆大学出版社 .

金国砥，2014. 电冰箱、空调器原理与实训[M]. 2 版 . 北京：人民邮电出版社 .

林金泉，2007. 电冰箱、空调器原理与维修[M]. 2 版 . 北京：高等教育出版社 .

魏龙，2008. 制冷与空调职业技能实训[M]. 北京：高等教育出版社 .

吴继红，李佐周，2006. 中央空调工程设计与施工[M]. 2 版 . 北京：高等教育出版社 .

杨象忠，2010. 制冷与空调设备组装与调试（备赛指南）[M]. 北京：高等教育出版社 .

郑兆志，2007. 制冷装置电气控制系统[M]. 北京：人民邮电出版社 .